灯笼 (2.3.7节实例)

三环效果 (3.4.5节实例)

太极图 (3.4.5节实例)

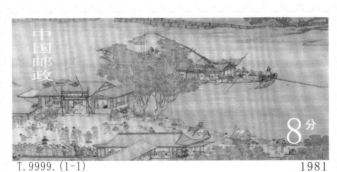

邮票 (3.5.3节实例)

光盘（4.2.2节实例）

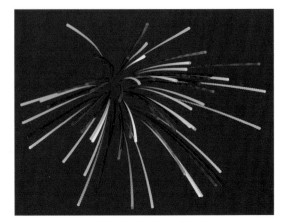

烟花（5.1.8节实例）

野生动物（6.3.4节实例）

花（5.3.5节实例）

魔方（7.3.3节实例）

日食（8.3.7节实例）

虚光效果（8.3.7节实例）

台历（10.1节实例）

荷花图（10.2节实例）

时钟（10.3节实例）

茶叶包装（10.4节实例）

21 世纪高等院校计算机辅助设计规划教材

CorelDRAW X3 基础与实例教程

主　编　杨国兴

副主编　宋　晏　严　婷

机械工业出版社

本书从实际应用的角度出发，通过大量实例介绍用 CorelDRAW X3 进行图形绘制与图像处理的方法与技巧。主要内容包括：CorelDRAW 的基础知识、图形绘制与编辑、对象编辑与管理、颜色填充与轮廓编辑、交互式工具的使用、文本的创建与编辑、透镜应用和图框剪裁、位图处理、图层管理、辅助线的使用以及打印设置等。

本书结构合理，实例丰富，可操作性强，可作为高等职业学校、高等专科学校及各类成人院校"计算机图形绘制及图像处理"课程的教材，也可作为"平面设计"相关课程的辅助教材。

图书在版编目（CIP）数据

CorelDRAW X3 基础与实例教程 / 杨国兴主编. —北京：机械工业出版社，2009.1

21 世纪高等院校计算机辅助设计规划教材

ISBN 978-7-111-25769-1

Ⅰ．C⋯　Ⅱ．杨⋯　Ⅲ．图形软件，CorelDRAW X3—教材　Ⅳ．TP391.41

中国版本图书馆 CIP 数据核字（2008）第 200629 号

机械工业出版社（北京市百万庄大街 22 号　邮政编码 100037）

策划编辑：张宝珠

责任编辑：张宝珠

责任印制：李　妍

保定市中画美凯印刷有限公司印刷

2009 年 1 月第 1 版·第 1 次印刷

184mm×260mm·14.25 印张·2 插页·351 千字

0001—5000 册

标准书号：ISBN 978-7-111-25769-1

ISBN 978-7-89482-944-3（光盘）

定价：31.00 元（含 1CD）

前　言

CorelDRAW X3 是由 Corel 公司推出的一个矢量绘图软件的最新版本。它是目前基于 Windows 操作系统的应用最为广泛的矢量绘图和插图制作软件之一，利用它可以方便快捷地创作出具有专业水准的美术作品。在标志制作、工业产品外观设计、包装设计、广告设计、室内装潢、高质量广告图片仿真以及产品商标设计等商业设计领域都有广泛的应用。

本书以简单实用为原则，在介绍基本知识时尽量使用简单通俗的语言。对于较难理解的概念、操作等，尽量使用实例加以直观地说明。在整个教材的内容选择上，不面面俱到，不过分追求知识的完整性和系统性，重点介绍常用功能及各种工具的使用技巧。

本书共分 10 章，主要内容有 CorelDRAW 概述、图形绘制与编辑、对象编辑与管理、颜色填充与轮廓编辑、交互式工具的使用、文本的创建与编辑、透镜应用和图框剪裁、位图处理、图层管理、辅助线的使用以及打印设置、综合实例等。

全书总的格式是：对于每个知识点，首先讲解基本知识，然后通过实例介绍该知识的具体应用。每章后面提供习题，供学生巩固所学知识和检测自己的学习效果。最后一章给出综合实例，使学生进一步了解 CorelDRAW 在实际中的应用，并进一步提高使用 CorelDRAW 进行图形图像处理的水平和技巧。

本书由杨国兴任主编，宋晏、严婷任副主编，参加本书编写工作的还有谢永红、张东玲、朱红、王京京、庄凤娟、王国芳、马凤霞、杨国文、庄莉等。

本书电子教案可从 www.cmpedu.com 上下载。

在本书编写过程中，参考了很多已出版的书籍，以及互联网上的资源（如 www.coreldraw.com.cn等），吸取了许多宝贵的经验，在此深表感谢。

由于作者水平有限，书中难免有不妥之处，恳请专家与读者批评指正。

编　者

目　　录

第 1 章　CorelDRAW X3 概述

　　CorelDRAW X3 是由加拿大 Corel 公司开发的基于矢量图的图形图像处理软件，是目前最流行的专业绘图软件之一，被广泛应用于广告设计、封面设计、产品包装设计等领域。其中 X3 是指 CorelDRAW 的版本，在 2006 年推出 CorelDRAW X3 之前，CorelDRAW 的最新版本是 12，因此，CorelDRAW X3 也就是 CorelDRAW 13 版本。

1.1　CorelDRAW X3 界面介绍

1.1.1　CorelDRAW X3 的启动

　　启动 CorelDRAW X3 与启动其他 Windows 应用程序一样，有多种方法。

　　成功安装 CorelDRAW X3 之后，可以通过"开始"菜单启动 CorelDRAW X3 程序。在 Windows "开始"菜单中选择"所有程序(P)"→"CorelDRAW Graphics Suite X3"→ "CorelDRAW X3"菜单项，即可启动 CorelDRAW X3。

　　启动 CorelDRAW X3 后，出现一个欢迎使用 CorelDRAW X3 的对话框，如图 1-1 所示。对话框中有 6 个按钮，单击某个按钮可完成相应的操作。

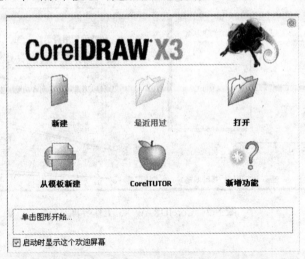

图 1-1　启动 CorelDRAW X3 时显示的欢迎屏幕

　　"新建"：新建一个空白 CorelDRAW 文件。

　　"最近用过"：打开最近编辑的 CorelDRAW 文件。

　　"打开"：打开一个已经存在的 CorelDRAW 文件。

　　"从模板新建"：使用模板新建 CorelDRAW 文件。

　　"CorelTUTOR"：启动 CorelTUTOR 程序。CorelTUTOR 是 CorelDRAW 自带的学习教程。

"新增功能"：打开 CorelDRAW 的帮助文件，了解 CorelDRAW X3 的新功能。

技巧1：可以在桌面上为 CorelDRAW X3 创建快捷图标，通过双击快捷图标也可以启动 CorelDRAW X3。

技巧2：CorelDRAW 文件的扩展名是".cdr"，在"我的电脑"或资源管理器中双击某个 CorelDRAW 文件，也可以启动 CorelDRAW X3，同时打开该 CorelDRAW 文件。

技巧 3：欢迎对话框左下角有一个"启动时显示这个欢迎屏幕"复选框，将这个复选框的"√"取消，在下次启动 CorelDRAW X3 时，将不再显示该对话框，而是直接新建一个空白 CorelDRAW 文件。

1.1.2　CorelDRAW X3 的工作界面

在图 1-1 所示的欢迎对话框中单击"新建"按钮，出现图 1-2 所示的 CorelDRAW X3 工作界面。CorelDRAW X3 窗口由标题栏、菜单栏、工具栏、属性栏、工具箱、绘图窗口、标尺、调色板、泊坞窗、文档导航器、导航器、状态栏等组成。

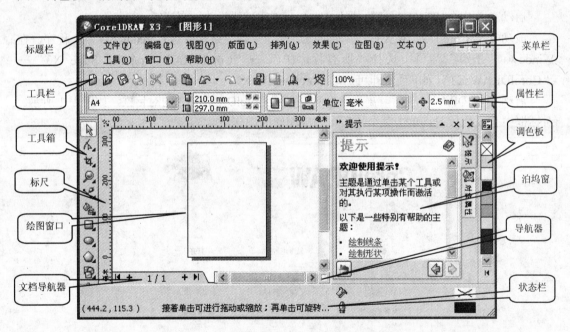

图 1-2　CorelDRAW X3 工作界面

1．标题栏

标题栏位于 CorelDRAW X3 窗口的最顶部，显示应用程序名（CorelDRAW X3）和正在编辑的文件名（如图形1）。单击标题栏最左边的图标弹出控制菜单，通过控制菜单可以改变 CorelDRAW X3 窗口的大小、位置等。最右边是控制 CorelDRAW X3 窗口状态的三个按钮，分别是最小化窗口按钮、最大化窗口按钮（如果窗口已经最大，则该按钮为还原按钮）和关闭 CorelDRAW X3 程序按钮。

2．菜单栏

菜单栏位于标题栏的下方。CorelDRAW X3 菜单栏提供了 11 个子菜单，分别是文件、编辑、视图、版面、排列、效果、位图、文本、工具、窗口和帮助。每个菜单中包含的菜单项是 CorelDRAW X3 可执行的命令。要执行菜单中的命令，可以用鼠标单击菜单栏上的菜单名，然后在下拉菜单中选择相应的命令（也称为菜单项），也可以使用快捷键执行菜单中的命令。

3．标准工具栏

标准工具栏位于菜单栏的下方，标准工具栏上的按钮都是一些常用的操作，如"新建"、"打开"、"保存"、"剪切"、"复制"、"粘贴"等。

4．工具箱

默认状态下，工具箱位于 CorelDRAW X3 窗口的左侧。工具箱中的每个按钮就是一个绘图工具，如选择多边形工具 ◯，就可以在绘图窗口中绘制多边形。有些工具按钮的右下角有一个黑色小三角形，表明有一组按钮与该按钮的功能相近，单击该三角形，可以展开这组工具按钮。例如，单击多边形工具按钮右下角的黑色小三角形，就可以将这组工具展开 ◯☆✿▦◎，这些按钮分别是多边形工具、星形工具、复杂星形工具、图纸工具和螺纹工具，单击其中的某个按钮即可以绘制相应的图形。

5．属性栏

属性栏位于标准工具栏的下方，用于显示和设置绘图工具及图形对象的属性。不同的图形对象具有不同的属性，例如，选择绘图窗口中的一个矩形，就会在属性栏中显示矩形的位置、大小、轮廓的宽度等。在图 1-2 中，由于没有选择任何图形，也没有选择绘图工具，属性栏显示的是绘图页面的属性，如纸张的大小、横向／纵向等。

6．绘图窗口

绘图窗口是 CorelDRAW 的核心区域，所有的图形都绘制在该区域。绘图窗口中由黑色边框框起来的矩形区域称为绘图页面，打印时，只有在绘图页面中的图形才能被打印出来。

7．标尺

标尺主要用于精确控制图形对象的大小和位置，绘图窗口左侧的标尺称为垂直标尺，绘图窗口顶部的标尺称为水平标尺。

8．调色板

默认情况下，调色板位于 CorelDRAW 窗口的右侧，用于为图形或文字对象设置填充颜色和轮廓颜色。在图 1-2 中看到的颜色只是调色板中的一部分颜色，如果想看到调色板中的全部颜色，可以单击调色板下方的 ◀ 按钮将其展开。

9．泊坞窗

为方便各种操作，CorelDRAW 提供了大量的泊坞窗，如属性泊坞窗、变换泊坞窗、造形泊坞窗等，图 1-2 显示的泊坞窗是提示泊坞窗。

选择"窗口"→"泊坞窗"子菜单中的某个菜单项，可以打开相应的泊坞窗。

10．文档导航器

文档导航器位于绘图窗口的左下方，用于添加、删除页面，页面的改名，以及在各个页面间的切换等，使用方法与 Excel 软件类似。

11．导航器

导航器位于绘图窗口的右下角（水平滚动条和垂直滚动条交叉处的小正方形按钮），在该按钮上按下鼠标左键出现整个绘图窗口的缩略图，按住鼠标左键并拖动可以方便地定位到绘图窗口的任何位置，如图 1-3 所示。

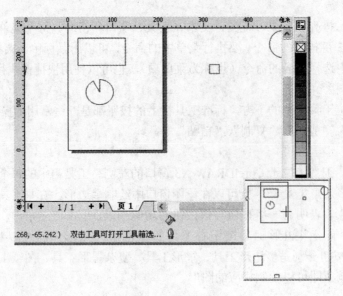

图1-3 导航器缩略图

当图形占用的窗口很大时，利用导航器查看窗口中各对象的相对位置及整体布局是很方便的。

12. 状态栏

状态栏位于CorelDRAW窗口的底部区域，该区域显示所选工具及所选对象的相关信息，以及鼠标的当前位置等。

1.2 矢量图与位图

计算机中，按图形的形成方式，可将图形分为矢量图和位图两种类型。矢量图由线条和曲线组成，是由决定所绘制线条的位置、长度和方向的数学描述生成的。位图也称为点阵图像，由称为像素的小方块组成，每个像素都映射到图形中的某一个位置，并具有颜色数值。

矢量图的主要特点是与分辨率无关，并且可以缩放到任何大小，还能够在任何分辨率下打印或显示，而不会丢失细节或降低质量，图1-4a是矢量图放大的效果。此外，可以在矢量图中生成鲜明清晰的轮廓。当图形非常复杂时，绘制线条的位置、长度和方向的数学描述将十分复杂，对计算机的内存和速度有更高的要求，因此，对于非常复杂的图形用位图处理较为合适。

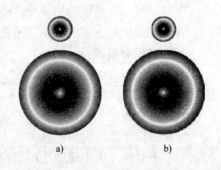

位图也称为点阵图，是由一个个像素组成的，每个像素有特定的位置和颜色。因此，位图的质量与单位尺寸上的像素数（即分辨率）有关，当分辨率较大时，单位面积上构成位图图像的像素数量多，可以产生较细腻的图像，但当将位图图像放大时，由于构成位图图像的像素数是固定不变的，像素面积变大，使位图图像失真，会产生马赛克一样的效果，图1-4b是位图放大的效果。

图1-4 矢量图与位图放大后的效果比较

CorelDRAW 就是一个基于矢量图的绘图软件，在实际工作中，可以根据需要将矢量图转换为位图，或将位图转换为矢量图。

1.3 文件的基本操作

计算机中编辑的图形图像都是以文件的形式存储在计算机的外存储器中，CorelDRAW 所创建文件的默认扩展名是.cdr，每个文件可以保存多幅图像，可以在 CorelDRAW 的每个页面中保存一幅图像。

文件的基本操作包括新建文件、打开文件、保存文件、关闭文件及文件的恢复等。

1.3.1 新建文件

在 CorelDRAW 中有两种新建文件的方式，分别是新建空白文件和从模板新建文件。

1. 新建空白文件

新建空白文件是在 CorelDRAW 中建立一个空白的绘图页面，页面中没有任何图形对象。选择"文件"→"新建"菜单项，或单击标准工具栏上的"新建"按钮，或按快捷键〈Ctrl+N〉，均可以创建一个空白文件。

2. 从模板新建文件

为方便用户制作常见的一些图形页面，CorelDRAW 预先设计了一些常用的页面格式（包括页面大小、方向、标尺位置、网格和辅助线信息以及可修改的图形和文本），并保存在系统中，称其为模板。在进行页面设计时，可以在这些模板的基础上进行修改，从而节省设计的时间。

选择"文件"→"从模板新建"菜单项，弹出如图 1-5 所示的"从模板新建"对话框。"从模板新建"对话框有 6 个选项卡，对模板进行了分类。"全页面"用于制作信纸，"标签"可以用于制作邮寄标签，"信封"用于制作各种类型的信封，"贺卡"用于制作类似贺卡的各种卡片，"Web"用于制作网页，利用"浏览"选项卡可以在计算机中查找一个 CorelDRAW 文件作为模板使用。

图 1-5 "从模板新建"对话框

选择某个选项卡后，在其中选中一个模板，可以在右侧的预览窗口观察该模板的样式。

5

选好模板后，单击"确定"按钮，将根据所选模板创建一个新文件。

1.3.2 打开文件

有多种方式可以打开已经存在的文件，如使用"打开绘图"对话框打开文件，或在"文件"菜单中打开最近用过的文件等。

选择"文件"→"打开"菜单项，或单击标准工具栏上的"打开"按钮，或按快捷键〈Ctrl+O〉均可，弹出"打开绘图"对话框，如图1-6所示。

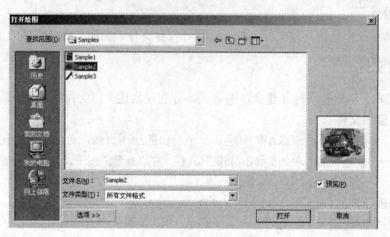

图1-6 "打开绘图"对话框

CorelDRAW可以打开多种不同格式的文件，可以在"打开绘图"对话框下方的"文件类型"下拉列表中选择要打开的文件类型，在对话框上方的"查找范围"下拉列表中选择文件所在的文件夹，然后在文件列表中选择一个或多个文件（配合〈Ctrl〉键或〈Shift〉键可以选择多个文件），如果选择一个文件，则可以选中右侧的预览复选框，预览所选择的文件。单击"确定"按钮即可打开所选的文件。

CorelDRAW会将最近用过的文件记忆下来，并显示在"文件"子菜单中。如果要打开最近使用过的文件，单击"文件"菜单，在"文件"子菜单中选择需要的文件名，即可打开该文件。

技巧：在Windows资源管理器中双击CorelDRAW文件（扩展名为.cdr），也可以打开该文件。

1.3.3 文件的保存与恢复

1. 文件保存

创建一个新的文件或对原有文件修改后，要对文件进行保存。要保存文件，可以选择"文件"→"保存"菜单项，或单击标准工具栏上的"保存"按钮，或按快捷键〈Ctrl+S〉。如果是第一次保存该文件，则弹出"保存绘图"对话框，如图1-7所示。在该对话框中选择保存文件的位置和文件类型，输入文件名，单击"保存"按钮即可保存文件。如果不是第一次保存该文件，则不弹出"保存绘图"对话框，直接以原来的文件名保存。

如果一个文件被保存后，又想用新的文件名保存该文件，则可以选择"文件"→"另存为"菜单项，或按快捷键〈Ctrl+Shift+S〉，也弹出"保存绘图"对话框，在对话框中设置好后，单击"保存"按钮，则以新的文件名保存该文件。

图 1-7　"保存绘图"对话框

2．备份与恢复文件

在使用 CorelDraw 进行图形处理时，有时会由于突然断电等原因造成 CorelDraw 非正常结束，使得最近的编辑工作来不及保存而造成损失。为尽量减少这一损失，CorelDraw 提供了自动备份的功能，即按指定的时间间隔，在指定的文件夹中对当前编辑的文件进行保存。

可以在"选项"对话框中设置自动备份的参数，具体步骤如下：

1）选择"工具"→"选项"菜单项，弹出"选项"对话框。

2）在"选项"对话框左侧的"工作区"列表中选中"保存"选项，如图 1-8 所示。

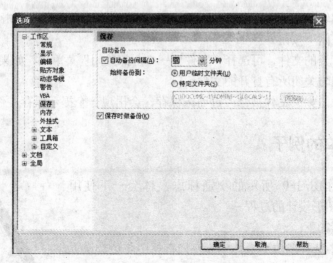

图 1-8　"选项"对话框

3）选中"自动备份"下方的复选框，则启用自动备份功能（不选该复选框，即去除复选框中的"√"，则不启用自动备份功能）。

4）在"自动备份间隔"下拉列表中选择（或直接输入）一个时间间隔，指定多长时间自动备份一次。

5）如果选中"始终备份到"后面的"用户临时文件夹"单选钮，则将备份文件保存在Windows 的用户临时文件夹中；如果选中"始终备份到"后面的"特定文件夹"单选钮，则可以将备份文件保存在自己指定的任何一个文件夹中。

6）设置好后，单击"确定"按钮，关闭对话框，完成设置。

自动备份的文件名是在原文件名前加上"备份"，例如，文件名是"图形.cdr"，则备份文件名为"备份图形.cdr"。

如果 CorelDRAW 正常结束，系统会自动删除备份文件夹中的备份文件。如果CorelDRAW 非正常结束，则系统来不及删除备份文件。

当再次启动 CorelDRAW 时，就会检查备份文件夹中是否有备份文件，如果存在就会出现"文件恢复"对话框，单击"文件恢复"对话框中的"确定"按钮，将文件恢复到备份文件夹中备份文件的状态。

如果单击"文件恢复"对话框中的"取消"按钮，则不恢复文件。

3. 保存时做备份

在图 1-8 所示的"选项"对话框中，如果选中"保存时做备份"复选框，则当保存文件时，会将上一次保存的文件结果作为备份文件。与自动备份文件一样，如果保存的文件名是"图形.cdr"，则备份文件名为"备份图形.cdr"。

如果上次保存后，对图形进行了错误的编辑修改，再次保存后才想恢复到上次保存的结果，这时只要将"备份图形.cdr"改名后继续编辑即可。

与自动备份文件不同的是，"保存时做备份"的备份文件不会被自动删除。

1.3.4 关闭文件

要关闭当前编辑的文件，可以选择"文件"→"关闭"菜单项，或单击 CorelDRAW 窗口菜单栏右侧的"关闭"按钮✖。

要关闭所有打开的文件，可选择"文件"→"全部关闭"菜单项。如果关闭 CorelDRAW应用程序，也会同时关闭所有打开的文件。

在关闭文件时，如果文件被修改过而未保存，会出现一个提示保存文件的对话框。

1.4 一个简单的例子

下面通过制作图 1-9 所示的交通标志，体会一下使用CorelDRAW 进行图形设计的过程。

主要制作步骤如下：

1）在工具箱中选择多边形工具 ◯，在属性栏中将边数设置为 3 ◯³ ⬚，按下〈Ctrl〉键不放，在绘图页面某点按下鼠标左键拖动到合适的位置松开，画出一个正三角形（等边三角形）。

2）选中上面所绘制的三角形，单击工具箱中的轮廓笔工具

图 1-9　交通标志

🖋，在轮廓笔工具展开栏中单击"轮廓笔对话框"按钮🖋，打开轮廓笔对话框，如图 1-10 所示。在轮廓笔对话框中将"宽度"设置为 24pt，选择角的样式为圆角形状，单击确定按钮，回到绘图页面。再单击调色板中的黄色色块，将三角形填充为黄色，如图 1-11 所示。

图 1-10 轮廓笔对话框

图 1-11 绘制的三角形

3）选择工具箱中的手绘工具✏️，在页面某点按下鼠标左键沿垂直方向拖动到合适的位置松开，绘制一条垂直直线。同第 2）步一样，使用轮廓笔对话框，将宽度设置为 34pt，选择线条端点的样式为圆形。将其放在等边三角形的中间，如图 1-12 所示。

4）选择工具箱中的椭圆工具⬭，按下〈Ctrl〉键不放，在绘图页面某点按下鼠标左键拖动到合适的位置松开，画出一个正圆形，填充为红色，将绘制好的圆形复制两份，分别填充为黄色和绿色。然后将它们放在图 1-9 所示的位置。

技巧：在图 1-9 中，三角形，直线和三个图形在垂直方向上是居中对齐的，这可以通过对齐与分布对话框来设置。同时选中所有图形对象（先单击选中一个对象，按下〈Shift〉键，再单击另一个对象，或者用鼠标框选），单击属性栏上的"对齐与分布"按钮🔳，弹出"对齐与分布"对话框，如图 1-13 所示。在"对齐与分布"对话框中，垂直方向中选择"中"复选框，单击"应用"按钮，完成设置。

图 1-12 绘制垂直直线并设置属性

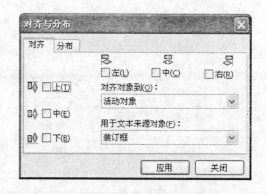

图 1-13 "对齐与分布"对话框

1.5 习题

1. 选择题（可以多选）

（1）在正常关闭 CorelDRAW X3 程序时，自动备份文件将会_____。

    A. 仍然存在   B. 被自动清除

（2）用不同的名称保存一个绘图，如果要保存该绘图的副本，应选用的命令是_____。

    A. 保存   B. 另存为

（3）要在 CorelDRAW 中添加页面、删除页面或更改页面的名字，应使用_____。

    A. 文档导航器   B. 导航器   C. 工具箱   D. 属性栏

（4）位图又称为_____。

    A. 点阵图   B. 像素图   C. 矢量图   D. 向量图

（5）CorelDRAW 软件_____产生位图格式的文件。

    A. 能   B. 不能   C. 不能确定

2. 填空题

（1）计算机中，按图形的形成方式，可将图形分为_____和_____两种类型。其中_____与分辨率无关。

（2）CorelDRAW 所编辑的文件默认扩展名是_____。

（3）在 CorelDRAW 中有两种新建文件的方式，分别是_____和_____。

（4）为封闭图形对象填充颜色，使用鼠标_____单击调色板上的色块，为图形对象设置轮廓颜色，使用鼠标_____单击调色板上的色块。

第2章 图形绘制与编辑

基本图形是绘制复杂图形的基础,任何复杂的图形都是由基本图形组成的。CorelDRAW提供了多种绘制图形和曲线的工具,使用这些工具可以方便地绘制出各种基本图形,如曲线、矩形、椭圆、多边形、星形等。

本章将介绍这些基本图形的绘制与编辑,为绘制复杂图形打下基础。

2.1 规则图形的绘制

这里所说的规则图形是指 CorelDRAW 工具箱中提供的可以使用鼠标拖动直接画出的图形,包括矩形(可使用"矩形"工具或"3 点矩形"工具□□绘制)、椭圆形(可使用"椭圆形"工具或"3 点椭圆形"工具○○绘制)、"多边形"、"星形"、"复杂星形"、"图纸"以及"螺纹"(绘制这几种形状的工具位于"展开式工具"栏 ○ ☆ ✿ ▦ ◎ 中)。

2.1.1 矩形

绘制矩形可以使用矩形工具或 3 点矩形工具□□,矩形绘制后还可以通过属性栏或鼠标拖动改变矩形的属性,如位置、大小以及圆角等。

1. 使用矩形工具绘制矩形

选择工具箱中的矩形工具,在页面中的某点按下鼠标左键并拖动到另一点,松开鼠标,即以鼠标按下点和鼠标松开点为对角线绘制一矩形,如图 2-1 所示。

技巧 1:绘制矩形时,在拖动鼠标时按下〈Ctrl〉键不放,松开鼠标后再松开〈Ctrl〉键,则绘制的是正方形。

技巧 2:绘制矩形时,在拖动鼠标时按下〈Shift〉键不放,松开鼠标后再松开〈Shift〉键,则以鼠标按下点为中心绘制矩形。

技巧 3:绘制矩形时,在拖动鼠标时,同时按下〈Ctrl〉键和〈Shift〉键不放,松开鼠标后再松开〈Ctrl〉键和〈Shift〉键,则以鼠标按下点为中心绘制正方形。

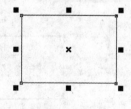

图 2-1 绘制矩形

技巧 4:双击矩形工具绘制一个和页面同样大小的矩形。

2. 使用 3 点矩形工具绘制矩形

使用"3 点矩形"工具可以绘制任意方向的矩形。

在工具箱中选择 3 点矩形工具,在页面中的某点按下鼠标左键拖动到另一点,松开鼠标,绘出矩形的一条边,如图 2-2 所示。然后向另一方向移动鼠标到合适的位置(如图 2-3 所示)单击,绘制出任意方向的矩形,如图 2-4 所示。

3. 设置矩形的属性

改变矩形的属性,可以利用图 2-5 所示的属性栏,部分属性的改变也可以使用鼠标拖动的方法实现。

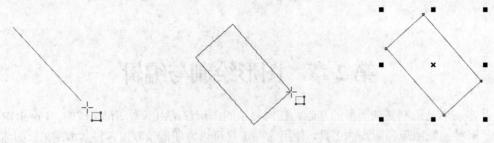

图 2-2　绘制矩形的一条边　　　图 2-3　移动鼠标到合适的位置　　　图 2-4　单击绘制矩形

图 2-5　矩形属性栏

（1）移动矩形的位置及改变矩形的大小

属性栏左上角 x、y 后面数值框中的值是矩形中心点的坐标，改变框中的数值，可以移动矩形。跟在其后面的两个数值框中的值是矩形的宽度和高度，改变其中的数值，可以改变矩形的大小。

也可以使用鼠标实现移动矩形的位置和改变矩形的大小。在矩形内部按下鼠标左键不放，拖动到新的位置，松开鼠标后，矩形即移动到新的位置。

使用挑选工具选中矩形对象后，其周围出现 8 个黑色方块（见图 2-1），称之为手柄。拖放其中的某个手柄就可以缩放对象、调整对象大小。如果拖动某个边上的手柄，则改变一个方向上的大小，如图 2-6 所示。拖动某个角上的手柄，则可以同时改变两个方向上的大小，如图 2-7 所示。

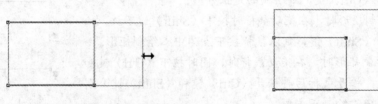

图 2-6　拖放边上的手柄　　　　　　图 2-7　拖放角上的手柄

上面的操作中，在改变矩形对象大小的同时，矩形的中心点也随之改变，见图 2-6 和图 2-7。如果不想改变矩形的中心点，可以在拖放时按下〈Shift〉键，这样可以使矩形同时在 4 个方向放大或缩小，如图 2-8 所示。

如果在拖放时按下〈Ctrl〉键，则只能将矩形对象调整为原始大小的整数倍数，如图 2-9 所示。当然也可以同时按下〈Ctrl〉键和〈Shift〉键，这时将保持中心点不变，且调整后矩形的大小是原来矩形大小的整数倍数。

（2）设置圆角矩形

可以利用属性栏上的"矩形的边角圆滑度"　　　　，将矩形的部分或全部角设置为圆角。图 2-10 所示的矩形是将右上角的圆滑度设置为 40 的效果。如果将属性栏上的"矩形的边角圆滑度"后面的小锁图形按下，则 4 个角的圆滑度会同步变化。图 2-11 所示的是 4 个角全部变为圆角的矩形。边角圆滑度的取值范围是 0～100。

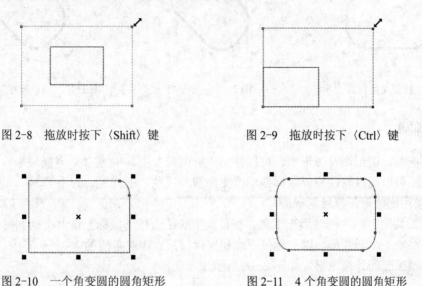

图 2-8　拖放时按下〈Shift〉键　　　　图 2-9　拖放时按下〈Ctrl〉键

图 2-10　一个角变圆的圆角矩形　　　　图 2-11　4 个角变圆的圆角矩形

除了使用属性栏设置矩形边角圆滑度外，还可以使用工具箱中的形状工具 ⟋↖ 改变矩形的边角圆滑度。

选择工具箱中的形状工具，单击要圆角化的矩形，这时矩形的 4 个角出现 4 个黑色方块，称之为节点，如图 2-12 所示，用鼠标左键拖动某个节点到合适的位置，如图 2-13 所示，松开鼠标即将矩形设置为圆角矩形，如图 2-14 所示。

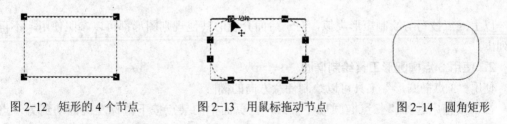

图 2-12　矩形的 4 个节点　　　图 2-13　用鼠标拖动节点　　　图 2-14　圆角矩形

（3）设置矩形的轮廓宽度

可以在属性栏上的"轮廓宽度"下拉列表 8.0 pt ▼ 中选择或直接输入数值设置轮廓宽度。图 2-15 所示是将矩形轮廓宽度设置为 8.0pt（宽度单位可以有多种选择，如 mm、像素、点等）的效果。

（4）旋转矩形

可以在属性栏上的"旋转角度"框 ⟳ 45.0 ° 中输入角度值，使矩形对象逆时针旋转指定的角度。图 2-16 是在图 2-15 的基础上旋转 45°的效果。

也可以使用鼠标旋转矩形对象。使用挑选工具选择矩形后，再单击一下该矩形，在其 4 个角出现带箭头的弧线，称其为旋转手柄，如图 2-17 所示。使用鼠标拖动其中的一个旋转手柄，即可以旋转矩形对象。

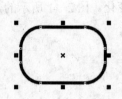
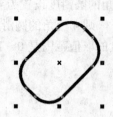
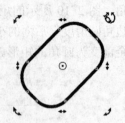

图 2-15　轮廓宽度设置为 8pt　　　　图 2-16　旋转 45°　　　　图 2-17　用鼠标拖动旋转手柄

2.1.2　椭圆

绘制椭圆、饼形图及弧形图，可以使用"椭圆形"工具 或"3 点椭圆形"工具 ，椭圆绘制后还可以通过属性栏或鼠标拖动改变椭圆的属性，如位置、大小等。

1. 使用椭圆形工具绘制椭圆

选择工具箱中的"椭圆形"工具，在页面中的某点按下鼠标左键并拖动到另一点，松开鼠标，即绘制一个椭圆形，以鼠标按下点和鼠标松开点为对角线的矩形是绘制椭圆的外接矩形，如图 2-18 所示。

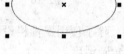

技巧 1：绘制椭圆形时，在拖动鼠标时按下〈Ctrl〉键不放，松开鼠标后再松开〈Ctrl〉键，则绘制的是圆形。

技巧 2：绘制椭圆形时，在拖动鼠标时按下〈Shift〉键不放，松开鼠标后再松开〈Shift〉键，则以鼠标按下点为中心绘制椭圆形。

图 2-18　绘制椭圆形

技巧 3：绘制椭圆形时，在拖动鼠标时，同时按下〈Ctrl〉键和〈Shift〉键不放，松开鼠标后再松开〈Ctrl 键〉和〈Shift〉键，则以鼠标按下点为中心绘制圆形。

以上三点技巧与绘制矩形类似，对于后面介绍的其他规则图形都可以参照使用，不再一一列出。

2. 使用 3 点椭圆形工具绘制椭圆

使用"3 点椭圆形"工具可以绘制任意方向的椭圆。

在工具箱中选择"三点椭圆形"工具，在页面中的某点按下鼠标左键拖动到另一点，松开鼠标，绘出椭圆形的直径，如图 2-19 所示。然后向另一方向移动鼠标到合适的位置（如图 2-20 所示）单击，绘制出任意方向的椭圆形，如图 2-21 所示。

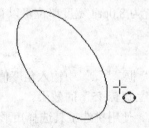

图 2-19　绘制椭圆的直径　　　图 2-20　移动鼠标到合适的位置　　　图 2-21　单击绘制椭圆

3. 弧形图和饼形图

（1）绘制弧形图和饼形图

在工具箱中选择"椭圆形"工具（或"3 点椭圆形"工具）后，单击属性栏（如图 2-22 所示）的"饼形"按钮 ，或"弧形"按钮 ，再绘制则画出的分别是饼形或弧形，如图 2-23 和图 2-24 所示。

图 2-22　椭圆形属性栏

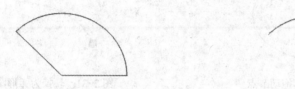

图 2-23　绘制饼形　　　　　　　　　　　图 2-24　绘制弧形

也可以先画出椭圆，再单击属性栏上的"饼形"按钮 或"弧形"按钮 ，将椭圆转换为饼形或弧形，同样也可以将饼形和弧形转换为椭圆形，方法是选择要转换为椭圆形的饼形或弧形，再单击属性栏上的"椭圆"按钮 。饼形图和弧形图之间也是可以相互转换的。

（2）设置起始和结束角度

在绘制饼形图或弧形图之前，还可以在属性栏的"起始和结束角度"区域 设置饼形图或弧形图的起始角度和结束角度，上面的饼形图和弧形图的起始角度和结束角度分别是 0°和 135°。当然，饼形图或弧形图绘制好之后，还可以在属性栏中修改其起始和结束角度。

使用"挑选"工具选中饼形图或弧形图，单击属性栏上的"顺时针／逆时针弧形或饼形"按钮 ，可以得到与其互补的饼形图或弧形图，如图 2-25 和图 2-26 所示。

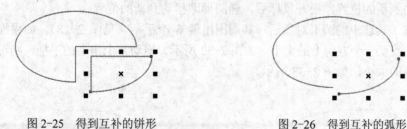

图 2-25　得到互补的饼形　　　　　　　　图 2-26　得到互补的弧形

（3）使用形状工具

除了在属性栏中设置饼形图和弧形图的参数外，还可以使用"形状"工具改变饼形图或弧形图的属性，以及完成椭圆、饼形图和弧形图之间的转换。

在工具箱中选择"形状"工具 ，选择椭圆，这时可以看到椭圆上方的节点，如图 2-27 所示。用鼠标拖动该节点，并保持鼠标在椭圆的内部，如图 2-28 所示。在合适的位置释放鼠标，则椭圆转换为饼形图，如图 2-29 所示。

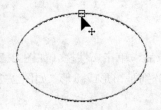 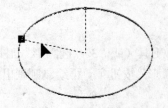

图 2-27 椭圆上方的节点   图 2-28 在椭圆内部拖动节点   图 2-29 转换为饼形图

在拖动鼠标时，如果鼠标在椭圆的外部，如图 2-30 所示，则释放鼠标后，将椭圆转换为弧形图，如图 2-31 所示。

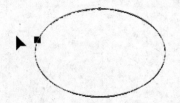 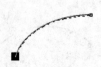

图 2-30 在椭圆外部拖动节点   图 2-31 转换为弧形图

选择形状工具后，拖动饼形图或弧形图的起始节点或结束节点，可以改变其起始点或结束点角度。通过拖动节点，也可以在三者（椭圆形、饼形和弧形）之间相互转换。

4. 设置椭圆的属性

可以利用图 2-22 所示的属性栏改变椭圆形的属性。部分属性的改变也可以使用鼠标拖动的方法实现。

（1）移动椭圆形的位置及改变椭圆形的大小

属性栏左上角 x、y 后面数值框中的值是椭圆形中心点的坐标，改变框中的数值，可以移动椭圆形。跟在其后面的两个数值框中的值是椭圆形的宽度和高度，改变其中的数值，可以改变椭圆形的大小。

也可以使用鼠标实现移动椭圆形的位置和改变椭圆形的大小。在椭圆形内部按下鼠标左键不放，拖动到新的位置，松开鼠标后，椭圆形即移动到新的位置。

使用挑选工具选中椭圆形对象后，其周围出现 8 个手柄（见图 2-18）。如果拖动某个边上的手柄，则改变一个方向上的大小，如图 2-32 所示。拖动某个角上的手柄，则可以同时改变两个方向上的大小，如图 2-33 所示。

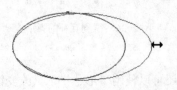 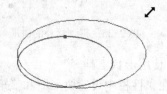

图 2-32 拖放边上的手柄   图 2-33 拖放角上的手柄

上面的操作中，在改变椭圆形大小的同时，椭圆形的中心点也随之改变。如果不想改变椭圆形的中心点，可以在拖放时按下〈Shift〉键，这样可以使椭圆形同时在 4 个方向放大或缩小，而保持中心点不变。

如果在拖放时按下〈Ctrl〉键，则只能将椭圆形对象调整为原始大小的整数倍数。当然也可以同时按下〈Ctrl〉键和〈Shift〉键，这时将保持椭圆中心点不变，且调整后椭圆的大小是原来椭圆大小的整数倍数。

移动椭圆形的位置及改变椭圆形的大小与对矩形的操作类似，同样也适合饼形图和弧形图，以及后面介绍的其他图形，不再一一列出。

（2）设置椭圆形的轮廓宽度以及旋转椭圆

设置椭圆形的轮廓宽度以及旋转椭圆与设置矩形的轮廓宽度和旋转矩形的操作类似，同样的操作也适合饼形图和弧形图，以及后面介绍的其他图形，不再一一列出。

5．实例：制作时钟

使用"矩形工具"和"椭圆工具"绘制图2-34所示的时钟。

操作步骤如下：

1）新建一个文档，单击工具箱中的"椭圆形工具"按钮 ，按住〈Ctrl〉键在页面中绘制一个圆形。

2）通过属性栏将圆形的轮廓宽度设置为4mm。

3）单击工具箱中的"矩形"工具按钮，按住〈Ctrl〉键在页

图2-34　制作好的时钟

面中绘制一个小正方形，单击调色板中的黑色，将正方形填充为黑色，如图2-35所示。

4）以圆形的圆心为旋转中心，将小正方形旋转复制11个，分布在钟表的整点处。操作方法如下，单击"排列"→"变换"→"旋转"菜单项，在弹出的"变换"泊坞窗（图2-36）中设置参数。

角度设置为30°（钟表共有12个大刻度，两个刻度之间为30°），以圆形的中心为旋转中心，单击"应用到再制"按钮11次。

技巧：选中圆形，在属性栏中的坐标x、y就是该圆的圆心坐标，记下两个值，再选择正方形，在变换泊坞窗的旋转中心输入这两个值。

5）绘制时针和分针。单击"文本"→"插入字符"菜单项，在弹出的"插入字符"泊坞窗（图2-37）中，插入两个箭头符号。

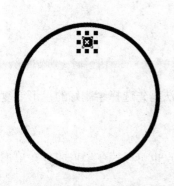

图2-35　绘制的圆形和正方形

图2-36　变换泊坞窗

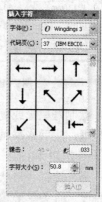

图2-37　插入字符泊坞窗

17

技巧：在"插入字符"泊坞窗的"字体"下拉列表中，有很多字体可供选择，有些字体专门提供一些常用符号，如这里选择的"Wingdings 3"就提供了各种箭头符号。

6）将两个箭头符号调整大小并旋转，放在合适的位置，得到图2-34所示的时钟。

2.1.3 多边形与星形

"多边形工具"、"星形工具"、"复杂星形工具"、"图纸工具"和"罗纹工具" ⬡☆⚙▦◎ 安排在同一组中。

1. 绘制多边形

在工具箱中选择"多边形"工具 ⬡，在图2-38所示属性栏上的"多边形、星形和复杂星形的点数或边数"框 ⬡6 中输入多边形边数。在页面中的某点按下鼠标左键拖动到另一点，松开鼠标，即绘制一个多边形，如图2-39所示。

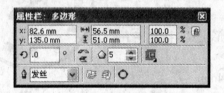

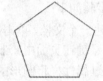

图2-38 多边形属性栏　　　　　　　　　　图2-39 绘制的多边形

绘制好多边形后，还可以改变其边数。方法是先选择绘制好的多边形，然后修改属性栏上的"多边形、星形和复杂星形的点数或边数"框 ⬡6 中的值。

2. 绘制星形和复杂星形

在工具箱中选择"星形"工具 ☆ 或"复杂星形"工具 ⚙，在图2-40所示的属性栏（星形和复杂星形的属性栏相似）上的"多边形、星形和复杂星形的点数或边数"框 ☆5 中输入星形或复杂星形的边数，在"在星形和复杂星形的锐度"框 ▲53 中输入角的锐度。在页面中的某点按下鼠标左键拖动到另一点，松开鼠标，即绘制一个星形或复杂星形，如图2-41和图2-42所示。

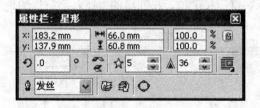

图2-40 星形属性栏　　　　图2-41 星形　　　　图2-42 复杂星形

绘制好星形或复杂星形后，还可以改变其边数和锐度。方法是先选择绘制好的星形或复杂星形，然后修改属性栏上相应框中的值。

图2-43和图2-44是锐度分别为40和70的星形。

另外选择"形状"工具，用鼠标拖动星形或复杂星形的节点也可以改变星形或复杂星形的锐度。有关星形和复杂星形的移动、缩放等操作与矩形相同。

图 2-43　锐度为 40 的星形　　　　　图 2-44　锐度为 70 的星形

3．多边形的变形

可以使用"形状"工具对多边形施行变形处理，方法如下：

选择"形状"工具，然后选择要进行变形的多边形，拖动多边形边上或角上的节点到某一位置，释放鼠标。图 2-45 所示为两种变形的效果。

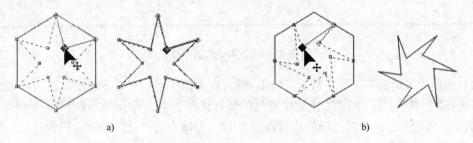

图 2-45　多边形变形效果

4．实例：制作各种图形

本实例主要通过多边形变形、设置星形边数和锐度来获得各种图形效果，如图 2-46 所示。

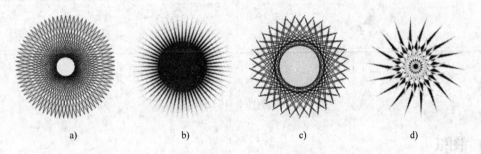

图 2-46　实例效果图

操作步骤如下：

1）选择"复杂星形"工具，按下〈Ctrl〉键，在页面中画一个复杂星形，然后将边数设置为 70 左右，将锐度设置为 30 左右。单击调色板中的黄色将图形填充为黄色，再右击调色板中的红色将轮廓设置为红色，得到图形 2-46a。

2）选择"星形"工具，按下〈Ctrl〉键，在页面中画一个星形，然后将边数设置为 60 左右，将锐度设置为 50 左右。单击调色板中的红色，将图形填充为红色，再用鼠标右键单击调色板中的黄色，将轮廓设置为黄色，得到图形 2-46b。

3）选择多边形工具，按下〈Ctrl〉键，在页面中画一个正多边形，然后将边数设置为 5。

选择"形状工具"，拖动上顶角节点到图 2-47a 所示的位置松开，得到图 2-47b 所示的变形后的图形。将多边形的边数设置为 30 左右，再调整图形的大小，得到图 2-47c 所示的图形，发现此时多边形的节点分为两组，分别位于两个同心圆上。使用形状工具将小圆上的某个节点拖到大圆的某个节点上，释放鼠标得到图 2-47d 所示的图形。最后填充为黄色，轮廓设置为红色，得到如图 2-46c 所示的图形。

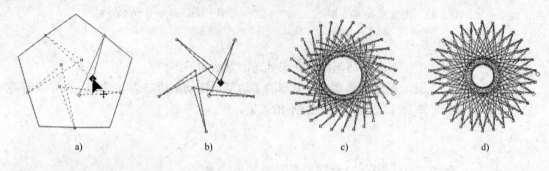

图 2-47   图 2-46c 的制作过程

4）选择"多边形"工具，按下〈Ctrl〉键，在页面中画一个正多边形，然后将边数设置为 5。选择"形状"工具，拖动右上边中点处的节点到图 2-48a 所示的位置松开，得到图 2-48b 所示的变形后的图形。将多边形的边数设置为 18，并填充为红色，轮廓设置为黄色，得到如图 2-46d 所示的图形。

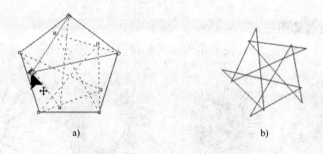

图 2-48   实例图 2-46d 的制作过程

2.1.4   图纸

图纸是指网格状图形。在工具箱中选择"图纸"工具 ▦ ，在图 2-49 所示属性栏上的"图纸行和列数"框 ▦ 中分别输入行数和列数。在页面中的某点按下鼠标左键拖动到另一点，松开鼠标，即绘制一个图纸图形（即网格图形），如图 2-50 所示。

整个图纸图形是由一个个小的矩形组成的，通过取消群组可以将这些小矩形分解成独立的图形对象。取消群组的操作可以使用菜单、属性栏上的按钮或快捷键来完成。

图 2-49   图纸属性栏图

选择要分解的图纸对象，选择"排列"→"取消群组"菜单项，或单击属性栏上的"取消群组"按钮 ❈ ，或按快捷键〈Ctrl+U〉，图纸对象被分解成一个个小矩形，这时可以选择其中的某个小矩形进行独立的操作，如图 2-51 所示。

实例：绘制图 2-52 所示的国际象棋棋盘。

制作步骤如下：

1）选择图纸工具，在属性栏中将行数和列数都设置为 8，按下〈Ctrl〉键，在页面中拖动鼠标画一个正方形图纸。

2）取消图纸对象的群组，将图 2-52 中所示黑色位置的小方块填充为黑色，然后再选择所有的小方块，单击属性栏上的"群组"按钮，将其群组为一个对象，完成国际象棋棋盘的制作。

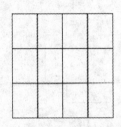
图 2-50　图纸图形

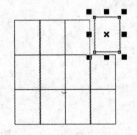
图 2-51　取消图纸对象的群组

图 2-52　国际象棋棋盘

2.1.5　罗纹

使用"罗纹"工具可以绘制罗纹形状。在工具箱中选择"罗纹"工具 ⚙，在图 2-49 所示属性栏上的"罗纹圈数"框 ⚙4⚙ 中输入罗纹的圈数。选择"对称式罗纹" ⚙或"对数式罗纹" ⚙，在页面中的某点按下鼠标左键拖动到另一点，松开鼠标，即绘制一个罗纹图形，如图 2-53 所示。

其中，图 2-53a 和图 2-53b 是对称式罗纹；图 2-53c 和图 2-53d 是对数式罗纹。图 2-53a 鼠标的拖动方向是从左上方到右下方；图 2-53b 鼠标的拖动方向是从右下方到左上方。还可以从左卜方向右上方或从右上方向左下方拖动鼠标，得到不同方向的罗纹。

对于对数式罗纹，还可以通过属性栏的"罗纹扩展参数"框 ⚙□50□ 指定罗纹向外扩展的速度，值越大扩展速度越大。其中，图 2-53c 的扩展参数为 50；图 2-53d 的扩展参数为 100。

a)
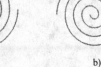
b)

c)

d)

图 2-53　罗纹形状

2.2　基本图形的绘制

CorelDRAW 提供的基本图形包括"基本形状"、"箭头形状"、"流程图形状"、"标题形状"

以及"标注形状"（绘制这几种形状的工具位于"完美形状"展开工具栏 中）。

2.2.1 基本图形绘制

"基本形状"、"箭头形状"、"流程图形状"、"标题形状"以及"标注形状"的绘制方法相同，下面以"基本形状"为例介绍基本图形的绘制方法。

选择工具箱中的"基本形状"工具 ，在属性栏中单击"完美形状"按钮 ，打开基本图形选择面板，如图 2-54 所示。选择需要的图形，然后在页面中拖动鼠标画出相应的图形，如图 2-55 所示。

图 2-54　基本图形选择面板

图 2-55　基本图形

2.2.2 在基本图形中输入文本

对于"流程图形状"、"标题形状"以及"标注形状"等基本图形，通常需要在图形中输入一些文字。下面以标注形状为例介绍在基本图形中输入文字的方法，有关文本的详细介绍，请参考后面"文本的创建与编辑"一章。

首先画出标注形状，如图 2-56a 所示。然后在工具箱中选择"文本"工具 ，将鼠标移到标注图形的轮廓内侧，当鼠标光标变成图 2-56b 所示的形状时，单击鼠标，标注形状轮廓内侧出现一个虚框，如图 2-56c 所示。在属性栏中选择适当的字体和字号，输入文字。然后还可以设置文本的对齐方式。方法是选择"文本"→"段落格式化"菜单项，调出"段落格式化"泊坞窗，在"段落格式化"泊坞窗中设置文本的对齐方式，这里设置水平、垂直都居中，如图 2-56d 所示。

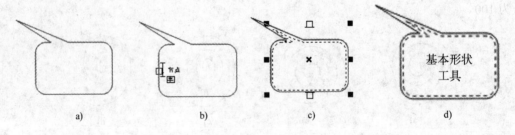

图 2-56　为标注形状输入文本

2.2.3 基本图形的调整

某些基本图形的内部细节是可以调整的，这些图形都提供了调节内部结构的控制点，如图 2-57 所示的"基本形状"、"箭头形状"和"标题形状"分别有一个、三个和两个控制点。

选择"形状"工具，拖动形状控制点就可以调整形状。对于图 2-57a 中的红色控制点，可以上下拖动改变嘴部的形状，如图 2-58a 所示。

上下拖动图 2-57b 中的红色控制点，可以改变"箭头形状"中心方形的大小；左右拖动图 2-57b 中的蓝色控制点，可以改变箭尾的粗细；左右拖动图 2-57b 中的黄色控制点，可以改变箭头的宽度，如图 2-58b 所示。

左右拖动图 2-57c 中的红色控制点，可以改变"标题形状"中间矩形的宽度；上下拖动图 2-57c 中的黄色控制点，可以改变矩形的高度，如图 2-58c 所示。

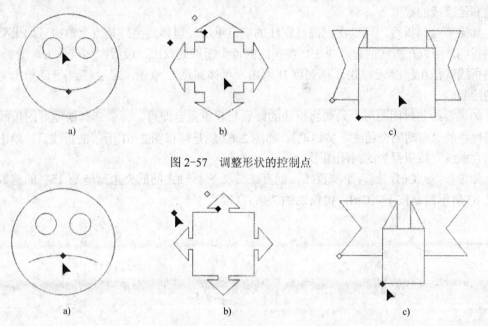

图 2-57　调整形状的控制点

图 2-58　调整后的形状

2.3　不规则图形的绘制

规则图形可以使用前面介绍的各种工具直接绘制，而不规则图形则需要使用 CorelDRAW 提供的各种画线工具以及各种形状编辑工具一点点地绘制。本节介绍画线工具的使用，包括"手绘"工具、"贝塞尔"工具、"艺术笔"工具、"钢笔"工具、"折线"工具、"3 点曲线"工具等，这些工具位于"曲线展开工具栏"中。

2.3.1　手绘工具

1. 使用手绘工具绘制直线

在工具箱中选择手绘工具 ✎，在图 2-59 所示属性栏的三个下拉框 ─ ─ ─ 中分别选择起始箭头形状、轮廓样式和终止箭头形状。在"轮廓宽度"下拉列表 发丝 中选择（或输入）轮廓线的宽度。在页面上某点单击（该点即是所画直线的起点），将鼠标移到页面的另外一点再单击（所画直线的终点），则在两点间画出一条直线，图 2-60 所示的图形画有两条直线，其中右侧的一条直线设置了起始箭头形状、轮廓样式和终止箭头形状。

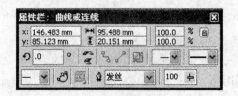

图 2-59 曲线属性栏

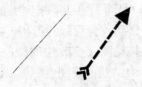

图 2-60 绘制的直线

直线绘制后，还可以通过属性栏上的下拉列表改变起始箭头形状、轮廓样式、终止箭头形状和轮廓线的宽度等。

如果要绘制折线，可以在已画好直线的端点单击，再移到另外某点上单击。如果要连续绘制折线，可以在折线的起点单击，在折线的每个拐点处双击，最后在终点单击。图 2-61 所示的折线就是在起点 A 单击，移到点 B 双击，再移到点 C 双击，最后移到点 D 单击完成折线的绘制。

如果要绘制封闭图形，只要将折线的终点与起点重合即可。或者选择绘制好的折线，单击属性栏的"自动闭合曲线"按钮🔧。如图 2-62 就是选择图 2-61 所示的折线后，单击"自动闭合曲线"按钮得到的封闭图形。

如果按下〈Ctrl〉键再绘制直线，则直线与 x 坐标轴之间的夹角只能是 15° 的整数倍。图 2-63 所示就是按下〈Ctrl〉键绘制的 7 条直线。

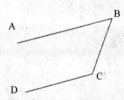

图 2-61 绘制折线

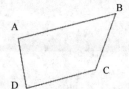

图 2-62 绘制封闭图形

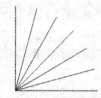

图 2-63 按〈Ctrl〉键绘制直线

2. 使用手绘工具绘制曲线

在工具箱中选择手绘工具✍，与绘制直线一样，可以在图 2-59 所示的属性栏中选择起始箭头形状、轮廓样式、终止箭头形状和轮廓线的宽度，在"手绘平滑"框 47 中输入曲线平滑度。在曲线的起点位置按下鼠标，拖动到曲线的终点，则沿鼠标移动的轨迹画出一条曲线。图 2-64 所示是平滑度设置为 100 所绘制的曲线，图 2-65 所示是平滑度设置为 20 所绘制的曲线。

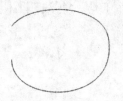

图 2-64 平滑度为 100 时绘制的曲线

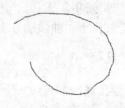

图 2-65 平滑度为 20 时绘制的曲线

曲线绘制后，可以通过属性栏上的下拉列表改变起始箭头形状、轮廓样式、终止箭头形状和轮廓线的宽度，但不能改变其平滑度。

绘制封闭曲线图形的方法与绘制封闭折线图形的方法相同。

2.3.2 贝塞尔工具

1. 使用贝塞尔工具绘制折线

在工具箱中选择"贝塞尔"工具 ，在页面上某点单击（该点即是所画折线的起点），将鼠标移到页面的另外一点再单击（所画折线的第一个拐点），重复这一操作，可以绘制出多个拐点的折线，最后在折线的终点位置单击，选择其他绘图工具，折线绘制结束。

技巧：在绘制折线过程中，可以按空格键结束绘制，同时选择了挑选工具，再按一次空格键又选择贝塞尔工具。对于其他工具也是相同的，即按空格键可以在所选工具和挑选工具间切换。

使用"贝塞尔"工具绘制封闭图形的方法与用手绘工具绘制封闭图形相同，使用贝塞尔工具绘制折线时也可以按下〈Ctrl〉键，作用与前面介绍的手绘工具相同。

2. 使用贝塞尔工具绘制曲线

在工具箱中选择"贝塞尔"工具 ，在页面上某点单击（该点即是所画曲线的起点），将鼠标移到页面的另外一点再按下拖动，可以控制曲线的弯曲程度（如图2-66所示），到合适的位置松开鼠标，得到曲线上的一个节点，再到另外一点按下鼠标拖动，然后松开鼠标得到另外一个节点（如图2-67所示），重复这一操作，可以绘制出多个节点的曲线，最后在曲线的终点位置单击，选择其他绘图工具，曲线绘制结束。当然，在绘制曲线的起始节点和终止节点时，也可以按下鼠标拖动再松开，以控制起点和终点的曲度。

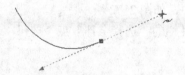

图2-66　得到曲线的第一个节点　　　　　图2-67　得到曲线的第二个节点

使用"贝塞尔"工具可以绘制曲线与折线相间的图形。方法是在某些节点处单击，在某些节点处拖动。

2.3.3 使用形状工具更改对象的形状

使用"手绘"工具或"贝塞尔"工具绘制出折线或曲线后，可以使用"形状"工具更改对象的形状，这通常是对节点进行编辑而实现的。

1. 选择节点

要编辑图形对象上的节点，首先应选择要编辑的节点。在工具箱中选择"形状"工具 ，单击要改变形状的图形对象，可以看到图形上的所有节点。例如，图2-68所示的折线共有6个节点。

（1）选择一个节点

用鼠标单击节点即选中该节点，选中后的节点为黑色小方块。

（2）选择多个节点

用鼠标单击第一个节点，然后按下〈Shift〉键单击其他节点，即可选中多个节点。节点被选中后,按下〈Shift〉键再次单击它,该节点又变为未选状态。图 2-69 所示选择了多个节点时的情况。

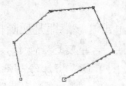

图 2-68 图形上的节点

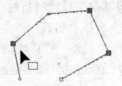

图 2-69 选择多个节点

也可以用鼠标框选多个节点。选择"形状"工具后,会出现"编辑曲线、多边形和封套"属性栏,如图 2-70 所示。在属性栏的"选取范围模式"下拉列表中选择"矩形",按下鼠标左键拖动画一个矩形虚框,松开鼠标后被矩形围起的节点全被选中,如图 2-71 所示。

图 2-70 "编辑曲线、多边形和封套"属性栏

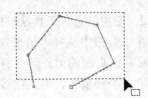

图 2-71 矩形框选节点

如果在属性栏的"选取范围模式"下拉列表中选择"手绘",则可以按下鼠标左键画任意形状,松开鼠标后被该形状边界围起的节点全被选中,如图 2-72 所示。

如果要选择图形对象的全部节点,可以单击属性栏的"选择全部节点"按钮,或选择"编辑"→"全选"→"节点"菜单项。

2．添加节点与删除节点

（1）添加或删除一个节点

选择"形状"工具,双击形状上不是节点的位置,即在该处添加一个节点。

选择"形状"工具,双击形状上的某个节点,删除该节点。

选择"形状"工具,选择形状上的某个节点,单击属性栏上的"添加节点"按钮,在该节点前面线段的中点处添加一个节点,例如,在图 2-73 中,选择节点 B,然后单击"添加节点"按钮,则在 AB 的中点添加一个节点（为了表示曲线的方向,已将线的终点设置为箭头形状）。当选择起始节点时,"添加节点"按钮变成不可用状态。

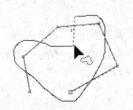

图 2-72 任意形状框选节点

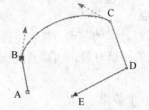

图 2-73 选择节点 B

选择某节点,单击属性栏上的"删除节点"按钮,则删除该节点。

（2）添加或删除多个节点

要删除多个节点，可以先选中要删除的节点，然后单击属性栏上的"删除节点"按钮。

要添加多个节点，首先选择多个节点，如图 2-74 选中节点 B、D，单击属性栏上的"添加"节点按钮，则在节点 B、D 前面的线段中点添加两个节点，如图 2-75 所示。

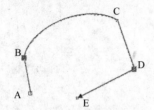

图 2-74　选择节点 B、D

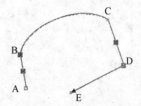

图 2-75　添加两个节点

3. 使用形状工具为曲线造形

用鼠标拖动节点或拖动某个边即可改变对象的形状。使用形状工具选择图形对象的一个节点或多个节点，然后拖动到某个位置释放鼠标，则改变了选中节点的位置，如图 2-76 和图 2-77 所示。在图 2-77 中，不选中节点，直接拖动两点间的线段也可以得到同样的效果。

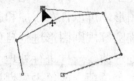

图 2-76　拖动节点

图 2-77　拖动边

如果与节点相邻的线段有曲线段，则选中该节点后出现控制手柄，拖动控制手柄可以改变曲线的弯曲程度，如图 2-78 所示。也可以直接拖动曲线来改变曲线的形状，如图 2-79 所示（比较与拖动直线的区别，见图 2 77）。

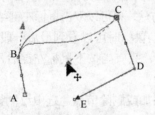

图 2-78　拖动控制手柄

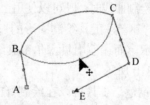

图 2-79　拖动曲线

4. 节点的类型

对象上的节点分为直线节点和曲线节点两种。其中，曲线节点又分为尖突、平滑、对称三种类型。

节点的直线或曲线是控制该节点前面线段的性质的，为了表示线条的方向，在图 2-80a 中，为线条的终点选择了一个箭头形状，将最上方的节点改为曲线类型，即前面的线段为曲线，而后面的线段仍为直线。

尖突节点是指该节点的一对控制手柄的方向和长度都是任意的，如图 2-80b 所示。平滑节点是指该节点的一对控制手柄的方向是相反的，长度是任意的，如图 2-80c 所示。对称节点是指该节点的一对控制手柄的方向是相反的，长度是相等的，如图 2-80d 所示。

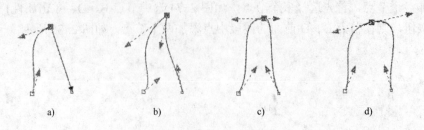

图 2-80　节点的类型

选择对象上的某个节点，单击图 2-70 所示属性栏上的"转换曲线为直线"按钮可以将曲线节点转换为直线节点；单击"转换直线为曲线"按钮可以将直线节点转换为曲线节点；单击"使节点成为尖突"按钮可以将曲线节点设置为尖突类型；单击"平滑节点"按钮可以将曲线节点设置为平滑类型；单击"生成对称节点"按钮可以将曲线节点设置为对称类型。

在 CorelDRAW 中，对矩形、椭圆等规则形状的处理与曲线的处理有本质的不同。例如，矩形有 4 个节点，圆角矩形有 8 个节点，椭圆形有一个节点，因此，不论如何改变这些规则图形的形状，其基本形状是不会改变的，而对于曲线图形，可以任意添加和删除节点，以及控制节点的类型等。如果希望使用形状工具对矩形、椭圆等规则图形进行自由的改变，可以首先将矩形、椭圆等形状转换为曲线，然后就可以像处理曲线一样进行处理了。方法是先选中要转换的图形，然后选择"排列"→"转换为曲线"菜单项，或单击属性栏上的"转换为曲线"按钮，或按组合键〈Ctrl+Q〉。

2.3.4　钢笔工具

在工具箱中选择"钢笔"工具，光标变成形状，可以使用"钢笔"工具绘制图形。使用"钢笔"工具绘制图形与使用"贝塞尔"工具绘制图形相似，主要有以下几点区别：

1）在结束绘制曲线时，既可以使用上面介绍的方法，也可以双击鼠标左键结束图形的绘制。

2）在使用"钢笔"工具绘制图形的过程中，移动鼠标时可以看到最后一段线的变化情况，如图 2-81a 所示，而在使用贝塞尔工具绘制图形时，只有当按下鼠标左键后，最后一段线才显示，如图 2-81b 所示。

3）使用"钢笔"工具可以在绘制好的图形上添加或删除节点。选中绘制好的曲线，再选择"钢笔"工具，将鼠标移动到曲线上没有节点的位置，鼠标变成形状，如图 2-81c 所示，此时单击鼠标左键，在该点为曲线添加一个节点。如果将鼠标移到曲线已有节点处，鼠标变成形状，此时单击鼠标左键，将该节点删除。

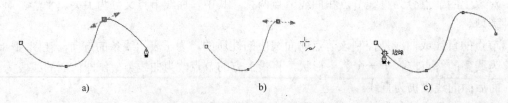

图 2-81　"钢笔"工具与"贝塞尔"工具的比较

2.3.5 折线工具

在工具箱中选择"折线"工具 ，光标变成 形状，在页面某点单击鼠标左键确定折线的起点，移动到另外一点，再次单击鼠标左键确定折线的一个拐点，再移动单击，一直进行到折线的终点，双击鼠标左键结束绘制。

如果要绘制曲线，在曲线的起点按下鼠标左键，拖动绘制曲线的轨迹，到达曲线的终点，松开鼠标，结束曲线的绘制。

同样，使用"折线"工具也可以绘制直线与曲线混合的线条。

2.3.6 3 点曲线工具

在工具箱中选择"3 点曲线"工具 ，光标变成 形状，在页面某点按下鼠标左键确定曲线的起点，拖动到另外一点松开鼠标，确定曲线的终点，这时可以看到从起点到终点的一条直线，如图 2-82a 所示，向直线的某一侧移动鼠标，可以看到曲线的形状，如图 2-82b 所示，到合适的位置单击鼠标左键，结束曲线的绘制，如图 2-82c 所示。

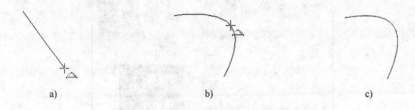

a)   b)   c)

图 2-82 使用 3 点曲线工具绘制曲线

2.3.7 实例

利用"矩形"工具、"椭圆"工具和"贝塞尔"工具等制作如图 2-83 所示的灯笼。

制作步骤如下：

1）单击工具箱中的"椭圆工具"按钮，在页面中绘制一个椭圆。将其填充为红色，轮廓宽度设置为 2mm，轮廓色设置为黄色，如图 2-84 上面的图形所示。

图 2-83 绘制的灯笼

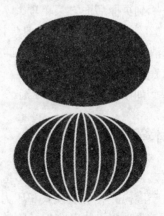

图 2-84 绘制并复制椭圆

2）选中椭圆，按住〈Shift〉键拖动水平控制柄，缩小椭圆，到合适的位置单击鼠标右键，再松开鼠标左键，这样就复制一个缩小的椭圆，并且它们的圆心位于同一点。按相同的方法再复制 3 个椭圆，如图 2-84 下面的图形所示。

3）单击工具箱中的"矩形工具"按钮，在页面中绘制一个小的矩形。对其进行渐变填充，清除轮廓，并复制一个分别放在椭圆的上方和下方（参见图 2-83）。

在进行渐变填充时，可在"属性"泊坞窗中的填充标签下选择渐变填充类型，再单击"高级"按钮，弹出如图 2-85 所示的"渐变填充"对话框。在该对话框中"类型"后面的下拉列表中选择"线性"，在"颜色调和"区域选择"自定义"单选钮。在"颜色调和"区域的下方有一个表示渐变颜色的区域，单击该区域左上角的小方块，然后选择绿色，将最左面设置为绿色。用同样的方法将图形的最右侧也设置为绿色。双击该区域的中间，在中间位置插入一个颜色点，选择白色，将图形的中间设置为白色。这样，整个图形就从绿色渐变到白色，再由白色渐变到绿色。单击"确定"按钮，完成属性设置。

图 2-85 "渐变填充"对话框

4）单击工具箱中的"手绘工具"按钮，在灯笼的上方绘制曲线，并将轮廓设置为 1.4mm（参考图 2-83）。注意：应将绘制的曲线放在矩形的后面（选中绘制的曲线，选择"排列"→"顺序"→"到页面后面"菜单项）。

5）单击工具箱中的"矩形工具"按钮，绘制细长的矩形，并复制若干个，分别填充为不同的颜色，清除轮廓，排列在一起，群组后放于灯笼的下方（参考图 2-83）。注意：应将群组后的图形放在矩形的后面。

最终得到如图 2-83 所示的灯笼。

2.4 艺术笔工具

使用"艺术笔"工具可以将很多艺术效果置于画笔中，"艺术笔"工具又分为预设模式、笔刷模式、喷灌模式、书法模式和压力模式 5 种绘图模式。

在工具箱中选择"艺术笔"工具 ，在图 2-86 所示的"艺术笔"预设属性栏中选择一种绘图模式，即可以使用"艺术笔"工具绘制图形。

图 2-86 "艺术笔预设" 属性栏

2.4.1 预设模式

在工具箱中选择"艺术笔"工具 ✐，在图 2-86 所示的属性栏中选择"预设"按钮 ►◄，在"手绘平滑"框 |100 ┼|中设置平滑度，在"艺术笔工具宽度"框 |25.4 mm|中设置艺术笔的宽度，在"预设笔触"下拉列表 |～～～|中选择一种预设的笔触，然后在页面某点按下鼠标左键拖动，可以看到艺术笔画出的图形，如图 2-87a 所示，到合适的位置松开鼠标，完成图形的绘制，如图 2-87b 所示。艺术笔绘制的图形是一个封闭图形，可以将其填充为期望的颜色，如图 2-87c 所示。

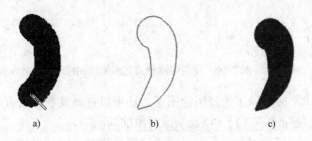

a)   b)   c)

图 2-87 使用预设模式艺术笔绘制图形

对于使用艺术笔绘制好的图形，还可以通过属性栏改变其笔触类型和艺术笔的宽度。

2.4.2 笔刷模式

在工具箱中选择"艺术笔"工具 ✐，在属性栏中选择"笔刷"按钮 ✐，属性栏变成如图 2-88a 所示的样子，可以在"笔触"下拉列表 |～～～～|中选择需要的笔触，在页面某点按下鼠标左键拖动，到合适的位置松开，画出的图形如图 2-88b 所示。

a)   b)

图 2-88 使用笔刷模式艺术笔绘制图形

2.4.3 喷灌模式

在工具箱中选择"艺术笔"工具 ✐，在属性栏中选择"喷灌"按钮 ▤，属性栏变成如图 2-89 所示的样子。

在"喷涂列表文件列表"下拉列表 |～～ ◎～|中选择需要的喷涂图案。在页面某点按下鼠

标拖动，绘制喷涂轨迹，如图 2-90a 所示。到合适的位置松开鼠标，则使用选择的喷涂图案沿路径喷涂，如图 2-90b 所示。

图 2-89 "艺术笔对象喷涂"属性栏

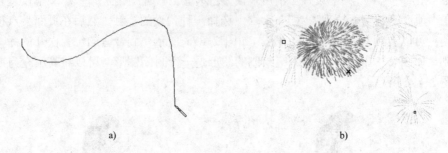

图 2-90 使用喷灌模式艺术笔绘制图形

在使用喷灌艺术笔时，除了选择喷涂图案，还可以在属性栏中设置喷涂图案的大小、喷涂的顺序（随即、顺序或按方向），以及喷涂对象的间距等。

对于使用喷灌绘制好的图形，不仅可以通过属性栏对上面的属性进行修改，还可以在属性栏中对绘制的图形进行旋转和偏移等操作。

2.4.4 书法模式

在工具箱中选择"艺术笔"工具 ✍，在属性栏中选择"书法"按钮 ✎，属性栏变成如图 2-91a 所示的样子。在属性栏中设置笔的宽度和书法角度，绘出的图形如图 2-91b 所示。

图 2-91 使用书法模式艺术笔绘制图形

笔的宽度是指绘制曲线的最大宽度，实际宽度与书法角度和拖动方向有关。

2.4.5 压力模式

在工具箱中选择"艺术笔"工具 ✍，在属性栏中选择"压力"按钮 ✎，属性栏变成如图 2-92a 所示的样子。在属性栏中设置笔的宽度，绘出的图形如图 2-92b 所示。

在使用压力艺术笔绘制图形时，如按下键盘上的方向键〈↓〉，则线条宽度逐渐减小。

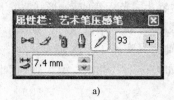
a)

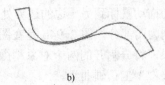
b)

图 2-92　使用压力模式艺术笔绘制图形

2.5　图形的编辑

除了使用形状工具对曲线图形进行造形外，CorelDRAW 还提供了其他一些用于编辑图形的工具，如"裁剪"工具、"刻刀"工具、"橡皮擦"工具、"虚拟段删除"工具、"涂抹笔刷"工具、"粗糙画笔"工具以及"自由变换"工具等。

2.5.1　裁剪工具

使用"裁剪"工具可以剪切图像上的多余区域。选择要裁剪的图形对象，在工具箱中选择"裁剪"工具 ⛏，光标变成 ⛏，在需要剪掉多余区域的图形上拖动鼠标，画出一个矩形区域，如图 2-93a 所示。在矩形区域双击鼠标，则矩形区域以外的部分被切除，如图 2-93b 所示。

a)

b)

图 2-93　使用"裁剪"工具裁剪图形对象

在使用"裁剪"工具画出矩形区域后，还可以旋转该矩形区域成任何角度，方法与旋转矩形相同。在画出裁剪矩形区域后，还可以单击属性栏上的"清除裁剪选取框"按钮取消选取。

2.5.2　刻刀工具

使用"刻刀工具"可以将图形对象分割为两部分，具体使用方法如下：

在工具箱中选择"刻刀"工具 🔪，光标变成 🔪 形状。将鼠标放在要切割图形的边界上，光标变成 🔪 形状。单击鼠标，移动到另一边的边界处，光标又变成 🔪 形状。再次单击鼠标，则图形被两次单击点形成的直线分割为两部分，如图 2-94a 所示。

如果要沿曲线分割，将鼠标放在要切割图形的边界上，光标变成 形状，按下鼠标左键，沿任意路径拖动鼠标到另一边的边界处，光标又变成 形状，松开鼠标，则图形被鼠标经过的路径分割为两部分，图 2-94b 是在图 2-94a 的基础上又实施了一次曲线分割。为了看清分割后的效果，将分割开的两个对象稍微移开一些。如果按下〈Shift〉键，画切割路径类似于使用"贝塞尔"工具画曲线。

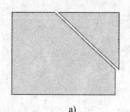
a)

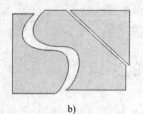
b)

图 2-94　使用刻刀工具分割图形对象

　　刻刀工具属性栏如图 2-95 所示，在属性栏上有两个按钮，即"成为一个对象"按钮 和"剪切时自动闭合"按钮 。如果在分割前按下"成为一个对象"按钮 ，则切割后的图形仍然是一个对象，如果该按钮不按下，则切割后的图形分成两个对象，图 2-94 所示的分割就是没有按下该按钮所得到的结果。如果在分割前按下"剪切时自动闭合"按钮 ，则切割后的图形将自动闭合为封闭的图形，图 2-94 所示的分割就是按下该按钮所得到的结果，如果该按钮不按下，则切割后的图形不会自动闭合为封闭图形，如图 2-96 所示。

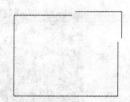

图 2-95　刻刀工具属性栏

图 2-96　切割后的图形未封闭

2.5.3　橡皮擦工具

　　使用"橡皮擦"工具可以擦除部分对象。

　　在工具箱中选择"橡皮擦"工具 ，其属性栏见图 2-95 所示。可以在"橡皮擦厚度"框 中设置橡皮擦的厚度，可以通过"圆形/方形"按钮 设置橡皮擦为圆形或方形。"擦除时自动减少"按钮 是指可以自动减少擦除后边界上的多余节点。

　　擦除图形有以下三种方式，在图形对象上某点双击，即可以擦除一个圆形或方形区域；在图形对象上某点单击鼠标左键，移动到另一点再单击，则擦除两点所确定的线段；在图形对象上按下鼠标左键拖动，鼠标经过的部分被擦除。各种擦除效果如图 2-97 所示。

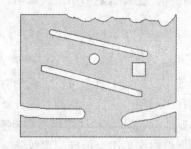

图 2-97　使用"橡皮擦"工具擦除部分图形

2.5.4 虚拟段删除工具

使用"虚拟段删除"工具可以方便地删除多余的线段。

在工具箱中选择"虚拟段删除"工具，光标变成 形状。将鼠标移动到要删除的线段上，光标变成如图 2-98a 所示的形状，单击鼠标删除该线段，如图 2-98b 所示。

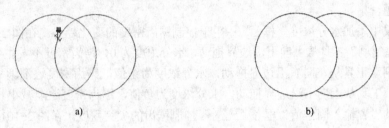

图 2-98　使用"虚拟段删除"工具删除线段

如果要同时删除多个线段，可以在选择"虚拟段删除"工具后，在要删除的所有线段周围拖出一个选取框，松开鼠标即可删除所有被框住的线段。

2.5.5 涂抹笔刷工具

使用"涂抹笔刷"工具可以使曲线向外凸起或向内凹下，"涂抹笔刷"工具只能应用于曲线对象，不能应用于矩形、椭圆等规则图形对象，如果要应用于这些规则图形，则需首先将它们转换为曲线。

在工具箱中选择"涂抹笔刷"工具 ，在图 2-99 所示的属性栏中设置好参数，选中要涂抹的曲线对象，从曲线的一边向另一边拖动，到合适的位置松开。

其中"笔尖大小"框 6.1 mm 用于设置笔尖的厚度。"在效果中添加水分浓度"框 -3 可以控制在涂抹过程中笔尖的粗细变化，在图 2-100 所示的图形中，最上面的涂抹是设置水分浓度为 0，笔尖厚度保持不变；中间的涂抹是设置水分浓度为正值，笔尖厚度由粗变细；最下面的涂抹是设置水分浓度为负值，笔尖厚度由细变粗。"为斜移设置输入固定值"框 45.0° 用于控制笔尖的形状，其取值范围为 15°～90°，取值越小，笔尖横向越窄，取值越大，笔尖横向越宽，当取值为 90° 时，宽度与高度相等。

图 2-99　"涂抹笔刷"属性栏

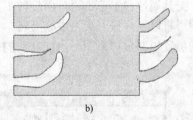

图 2-100　使用"涂抹笔刷"涂抹曲线对象

2.5.6 粗糙笔刷工具

"粗糙笔刷"工具可以使图形对象的边缘产生锯齿或尖突的效果。"粗糙笔刷"工具也只能应用于曲线对象。

在工具箱中选择"粗糙笔刷"工具 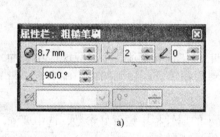，选择需要粗糙处理的对象，将鼠标移动到轮廓上的某一点，按下鼠标沿轮廓线拖动到合适的位置松开，鼠标经过的轮廓成为锯齿形状。

"粗糙笔刷"属性栏如图 2-101a 所示。"笔尖大小"框 2.0 mm 用于设置"粗糙笔刷"的大小，值越大，产生的锯齿越大；"尖突频率的值"框 1 用于设置锯齿的频率，值越大，产生的锯齿越密集。

"在效果中添加水分浓度"框 0 用于控制锯齿密度的变化趋势。在图 2-101b 中，左侧使用"粗糙笔刷"工具从上向下沿边界拖动，水分浓度为 0，锯齿密度不发生变化；上边使用"粗糙笔刷"工具从左向右沿边界拖动，水分浓度为正值，锯齿密度逐渐增大；右侧使用"粗糙笔刷"工具从上向下沿边界拖动，水分浓度为负值，锯齿密度逐渐减小。

"为斜移设置输入固定值"框 45.0° 控制锯齿的尖突程度，在图 2-101c 中，左侧使用"粗糙笔刷"工具从上向下沿边界拖动，"为斜移设置输入固定值"为 50°；上边使用"粗糙笔刷"工具从左向右沿边界拖动，"为斜移设置输入固定值"为 10°；右侧使用"粗糙笔刷"工具从上向下沿边界拖动，"为斜移设置输入固定值"为 65°，值越小，产生的锯齿越尖锐。

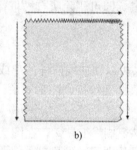
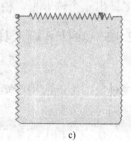

a)   b)   c)

图 2-101　使用"粗糙笔刷"工具

2.5.7　自由变形工具

"自由变形"工具可以实现对象的自由旋转、自由镜像、自由调节和自由扭曲等操作。

1. 自由旋转

选择要旋转的对象，在工具箱中选择"自由变形"工具 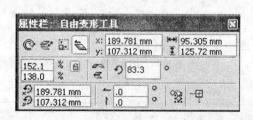，在图 2-102 所示的"自由变形"工具属性栏中单击"自由旋转工具"按钮 ，在页面的某点按下鼠标左键并拖动，选中的图形将以鼠标按下点为中心旋转。在图 2-103 中，是在五角星的上端点按下鼠标的，到合适的位置松开鼠标，图形出现在新的位置上，原位置上的图形消失。

图 2-102　"自由变形"工具属性栏

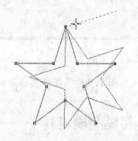

图 2-103　自由旋转五角星

2. 自由镜像

镜像是指获取某对象按某一对称轴对称的对象。选中要镜像的对象，在工具箱中选择"自由变形"工具 🐾，在图 2-102 所示的"自由变形"工具属性栏中单击"自由角度镜像工具"按钮 ✍，在页面的某点按下鼠标左键并拖动，在鼠标拖动方向产生一个对称轴，可以看到镜像后对象的轮廓，如图 2-104 所示，继续拖动鼠标到合适的位置松开鼠标，原图形消失，在对称的位置产生镜像后的图形，如图 2-105 所示。

图 2-104　拖动鼠标改变对称轴　　　　　图 2-105　松开鼠标完成镜像

3. 自由调节

使用"自由调节"工具可以自由改变对象的大小和变换对象的位置。选中要调节的对象，在工具箱中选择"自由变形"工具 🐾，在图 2-102 所示的"自由变形"工具属性栏中单击"自由调节工具"按钮 📐，在页面的某点按下鼠标左键并拖动，对象的位置及大小就会随着鼠标的拖动而变化，到合适的位置松开鼠标，完成对象的调节。

4. 自由扭曲

选中要扭曲的对象，在工具箱中选择"自由变形"工具 🐾，在图 2-102 所示的"自由变形"工具属性栏中单击"自由扭曲工具"按钮 ✍，在页面的某点按下鼠标左键并拖动，到合适的位置松开鼠标，完成对象的扭曲操作，如图 2-106 所示。

a)　　　　　　　　　　　　　　　　b)

图 2-106　使用"自由扭曲工具"

2.5.8　实例

本节制作如图 2-107 所示的树。制作步骤如下：

1）制作树干。使用"矩形"工具绘制一个矩形，并填充为宝石红色，如图 2-108 左侧的图形。选中矩形，单击属性栏上的"转换为曲线"按钮 ◎，将其转换为曲线。然后将矩形的左边线转换为曲线，使用"形状"工具将矩形左下角节点向左方拖动一些，如图 2-108 右侧图形。

2）添加树枝。选择工具箱中的"涂抹笔刷"工具，将"在效果中添加水分浓度"设置为1，从树干内部向外拖动，画出如图 2-109 所示的树枝。

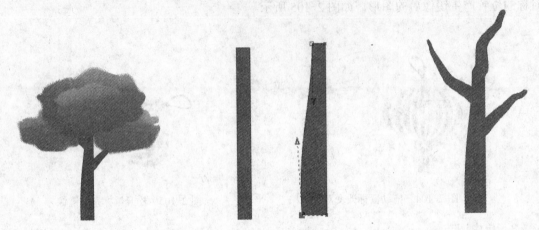

图 2-107　实例效果图　　　　　　图 2-108　制作树干　　　　　　图 2-109　添加树枝

3）绘制树叶。使用"手绘"工具绘制如图 2-110a 所示的树叶形状。选中所绘制的树叶图形，单击工具箱中的"交互式填充"工具按钮 ，从树叶上方按下鼠标左键拖动到树叶下方松开，然后将调色板中的绿色色块拖到树叶下方的方块中，将调色板中的酒绿色色块拖到树叶上方的方块中，为树叶添加从绿色到酒绿色的线性渐变填充。

4）为树叶边界添加锯齿形状。选中树叶图形，单击工具箱中的"粗糙"工具按钮，在属性栏中将"笔尖大小"设置为 15mm，"尖突频率"设置为 5，"斜移设置"设置为 45°。在树叶图形的边界按下鼠标左键拖动一圈，右键单击调色板中最上面的方块⊠，去除轮廓，得到图 2-110b 所示的图形。

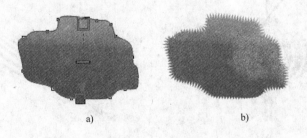

a)　　　　　　　　　　b)

图 2-110　制作树叶

5）按同样的方法绘制图 2-111 所示的另外两个树叶形状。

6）将树干和树叶排放在一起，得到图 2-112 所示的效果。将上面较大的树叶复制一个并缩小，放在合适的位置，再对图形进行一定的调整，得到如图 2.107 所示的最终结果。

图 2-111　另外两个树叶　　　　　　图 2-112　树叶和树干合在一起

2.6　交互式连线工具与度量工具

"交互式连线"工具与"度量"工具位于"曲线"展开工具栏 ![工具栏] 中。"交互式连线"工具可用于流程图、组织结构图的绘制；"度量"工具常用于工程制图及建筑平面图中。

2.6.1　交互式连线工具

交互式连线工具可以在两个图形之间建立连线，有直线和折线两种连线类型。

选择工具箱中的"交互式连线"工具 ![图标]，其属性栏如图 2-113 所示。

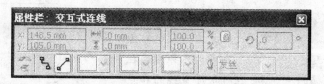

图 2-113　"交互式连线"属性栏

在属性栏中单击"成角连接器"按钮 ![图标]，或"直线连接器"按钮 ![图标]，在一个对象上按下鼠标左键，拖动到另一个对象上松开，可以分别绘制折线连线和直线连线，如图 2-114 所示。

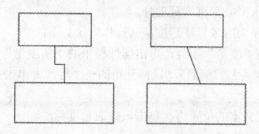

图 2-114　折线连线和直线连线

注意：如果要求移动对象时，与其相连的连线也一起移动，则需要满足的条件为：如果要连接的两个对象是由"矩形"工具、"椭圆"工具、"多边形"工具等绘制的基本图形（并且尚未转换为曲线），连线的两端必须是图形对象的中心，或某一边的中点。如果要连接的是两个曲线对象，则连线的两端必须是图形对象的中心，或轮廓上的节点。

虽然不满足以上条件也可以画出连线，但当对象移动时，连线并不跟随移动。

2.6.2 度量工具

选择工具箱中的"度量"工具 ，其属性栏如图2-115所示。

属性栏最前面的6个按钮分别是"自动度量"工具 、"垂直度量"工具 、"水平度量"工具 、"倾斜度量"工具 、"标注"工具 和"角度量"工具 。

图2-115　度量工具属性栏

"垂直度量"工具、"水平度量"工具、"倾斜度量"工具分别用于绘制垂直标注线来标注垂直尺度、绘制水平标注线来标注水平尺度、绘制倾斜标注线来标注倾斜尺度。三种工具的使用方法相同。下面以"水平度量"工具为例介绍这三种工具的使用。

在工具箱中选择"度量"工具，单击属性栏上的"水平度量"工具按钮，在需要标注的对象上单击，确定标注的起点，移动鼠标到标注的终点单击，再移动鼠标到放置标注文本的地方单击，完成水平标注线的绘制。

图2-116绘制了三种不同的标注线。

技巧：度量线可以画在页面的任何地方，不一定是在对象上，因此，二者通常不是绑定在一起的，为了将二者绑定在一起，从而保证同时移动和缩放，在绘制度量线时要遵循的原则为：在确定度量线的起点和终点时，要将鼠标放在对象的节点处，此时鼠标形状为 ，在光标处有"有点"两个字。

使用"自动度量工具"，系统可以根据起点和终点的相对位置自动选择水平或垂直度量工具。

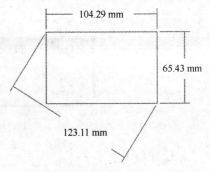

图2-116　使用度量工具绘制的标注线

"角度量工具"用于为对象标注角度，其操作方法如下：

1）选择工具箱中的"度量"工具，单击属性栏中的"角度量"工具按钮。

2）单击要标注角的顶点，然后移动鼠标到角的一个边线上单击，再移动鼠标到角的另一个边线上单击。

3）移动鼠标到放置文本的位置再次单击，完成角度标注。

技巧：为了将标注线和标注的对象绑定在一起，与前面介绍的方法一样，在单击确定角顶点和两个边线时，要保证处于节点位置。

图2-117所示的标注结果就是在顶点A处单击鼠标左键，然后移动到B点单击，再移动到D点单击，最后移到文本"62度"附近单击。

使用标注工具可以为对象添加注释，其操作方法如下：

1）选择工具箱中的"度量"工具，单击属性栏中的"标注"工具按钮。

2）在需要添加标注的对象上单击，确定注释引出的起始点。然后移动到引出线折点的位置再单击，继续移动到文本注释的位置单击并输入注释文本，完成标注的添加，如图 2-118 所示。

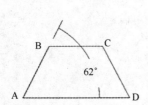

图 2-117 使用"角度量工具"绘制角度标注

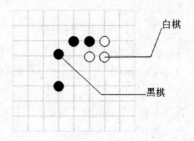

图 2-118 添加标注

2.7 习题

1．选择题（可以多选）

（1）使用"螺纹"工具绘制螺纹时，每圈螺纹间距固定不变的是_____。

    A．对称式　　　　　　　　B．对数式

（2）在 CorelDRAW X3 中的_____度量工具可以根据鼠标移动来创建水平或垂直尺度线。

    A．自动　　　　　B．垂直　　　　　C．水平　　　　　D．倾斜

（3）当用鼠标单击一个物体时，它的周围出现_____个控制方块。

    A．4　　　　　B．6　　　　　C．8　　　　　D．9

（4）当需要绘制　个正圆形或正方形时，需要按住_____键。

    A．〈Shift〉　　B．〈Alt〉　　C．〈Ctrl〉　　D．〈Esc〉

（5）CorelDRAW X3_____用来绘制工程图纸。

    A．可以　　　　　B．不可以

（6）两次单击一个物体后，可以拖动它 4 个角的控制点进行_____。

    A．移动　　　　　B．缩放　　　　　C．旋转　　　　　D．推斜

（7）下列不属于"自由变形"工具的是_____。

    A．自由镜像　　B．自由旋转　　C．自由调节　　D．自由变形

（8）当使用手绘工具时，按键盘中的_____键可以在"手绘"工具和"挑选"工具之间进行切换。

    A．〈Ctrl 〉　　B．〈Shift〉　　C．〈Alt〉　　D．空格

（9）按键盘上的_____键，可以绘制一个以鼠标按下点为中心，向四周扩展的正方形。

    A．〈Shift〉　　B．〈Alt〉　　C．〈Ctrl〉　　D．〈Shift+Ctrl〉

（10）用形状工具给曲线添加节点，操作正确的是_____。

    A．双击曲线无节点处

B．左键单击曲线无节点处，再按数字键盘上的〈+〉键

C．右键单击曲线无节点处，在快捷菜单中选择"添加"菜单项

D．左键单击曲线无节点处，再单击属性栏中的"添加节点"按钮

（11）绘制矩形或方形后，_____将边角转变为圆角。

    A．可以   B．不可以

（12）用图纸工具绘制好的网格，_____取消群组。

    A．可以   B．不可以

（13）在节点编辑中，_____可选择多个节点。

    A．用鼠标点选多个节点

    B．在按住〈Shift〉键的同时，单击每个节点

    C．按住〈Tab〉键然后单击多个节点

    D．同一时间只能选择一个节点

（14）在选择节点时，按住键盘上的_____键，单击未被选择的节点可以增加选择的节点。

    A．〈Ctrl〉   B．〈Alt〉   C．〈Shift+Ctrl〉   D．〈Shift〉

2．填空题

（1）用"形状"工具拖动椭圆的节点，如果鼠标在椭圆的内部移动，则释放鼠标后，椭圆转换为_____，如果鼠标在椭圆的外部移动，则释放鼠标后，将椭圆转换为_____。

（2）用鼠标拖放对象而改变其大小时，如果按下_____键，可以使对象同时在4个方向放大或缩小，而保持中心点不变。

（3）用鼠标拖放对象而改变其大小时，如果按下_____键，可以将对象调整为原始大小的整数倍数。

（4）使用手绘工具画直线时，如果按下_____键，则直线与 x 坐标轴之间的夹角只能是15°的整数倍。

（5）选择"形状"工具，双击形状上的某个节点，_____。

（6）使用_____工具可以剪切图像上的多余区域，使用_____工具可以将图形对象分割为两部分。

（7）使用"橡皮擦"工具在图形对象上某点双击，即可以擦除_____区域；在图形对象上某点单击鼠标左键，移动到另一点再单击，则擦除_____。

（8）使用"交互式连线"工具连接两个矩形时，如果希望连线能随矩形一起移动，连线的两端必须是图形对象的_____，或_____。

第3章 对象编辑与管理

用基本绘图工具绘制好图形后，往往还需要对其进行编辑修改、在页面中进行合理的分布，以及通过多个对象之间的各种操作得到新的图形对象等。这些可以通过本章介绍的内容实现，包括对象的移动、旋转、镜像、缩放、复制等基本操作，以及对象的排列与分布、对象的造形等操作。

3.1 对象的基本操作

对象的基本操作包括对象的选择、移动、旋转、缩放、镜像、复制和删除等。

3.1.1 选择对象

在对图形对象进行任何编辑之前，首先要选取对象。

1. 选择单个对象

在工具栏中选择"挑选工具"，用鼠标单击要选取的对象，则此对象被选取。对象选取后，在对象中心会有一个"×"形标记，在四周有 8 个黑色小方块，称之为控制柄。

2. 选择多个对象

要选择多个对象，可以使用以下两种方法。

（1）增加 / 减去选取对象

先单击选中第一个对象，然后按下〈Shift〉键不放，再依次单击要加选的其他对象，即可选取多个图形对象。在按下〈Shift〉键的状态下，单击已被选取的图形对象，则这个被点击的对象会从已选取的范围中去掉。

（2）框选对象

在工具箱中选中"挑选工具"后，按下鼠标左键在页面中拖动，将所要选取的对象框在蓝色虚线框内，则虚线框中的对象被选中，如图 3-1 所示。

技巧 1：接触式选择对象。按下〈Alt〉键不放，按下鼠标并拖动，只要蓝色虚线框接触到的对象，都会被选中，如图 3-2 所示。

技巧 2：双击"挑选工具"，则可以选中工作区中所有的图形对象。

3. 选取重叠对象

如果想选择重叠对象后面的对象，可以按下〈Alt〉键在重叠处单击，即可选择被覆盖的图形，再次再击，则可以选择更下层的图形，如图 3-3 所示。图中红色的正方形在最前面，绿色的正方形在最后，黄色的圆形在中间。按下〈Alt〉键，在图中所示的位置单击鼠标，选中中间的圆形，如果再单击一下鼠标，则选中最后面的正方形。

图 3-1 框选对象   图 3-2 接触式选择对象   图 3-3 选择后面的对象

3.1.2 对象的移动、旋转和缩放

1. 对象的移动

移动对象可以使用鼠标或键盘完成。选择挑选工具，在要移动的对象上按下鼠标左键拖动，到需要的位置松开，即可实现对象的移动。

使用挑选工具单击要移动的对象，然后按上、下、左、右方向键也可以实现向不同的方向移动。

也可以将图形对象从某一页移动到另一页，例如，要将第 1 页的五边形移到第 2 页，可以进行如下操作：选择挑选工具，在五边形上按下鼠标左键，如图 3-4a 所示；拖动到绘图窗口的第 2 页标签 "页 2" 处，此时绘图窗口切换到第 2 页，如图 3-4b 所示；继续拖动鼠标到绘图窗口的适当位置松开，则五边形移到第 2 页鼠标松开的位置，如图 3-4c 所示。

图 3-4 在不同页面间移动对象

技巧 1：属性栏最左侧对象位置的 x、y 坐标是对象的中心坐标，可以直接改变其中的值使对象移动到指定的位置。

技巧 2：按下〈Ctrl〉键，使用鼠标左键拖动对象，只能在水平或垂直方向移动。

2. 对象的旋转和倾斜

下面以图 3-5a 所示的矩形为例介绍对象旋转的方法。使用挑选工具选择矩形对象，再单击一次矩形，则矩形处于旋转状态，如图 3-5a 所示。此时四个角出现旋转标志，四个边的中点出现倾斜标志，矩形中心的圆圈表示旋转中心。将鼠标移动到边界附近时，鼠标变成⟳形状，这时按下鼠标拖动，即可使矩形旋转，如图 3-5b 所示，到适当的位置松开鼠标，完成旋转操作。

将鼠标移动到倾斜标志上，鼠标变成⇌形状，这时按下鼠标拖动，即可使矩形倾斜，如图 3-5c 所示，到适当的位置松开鼠标，完成倾斜操作。

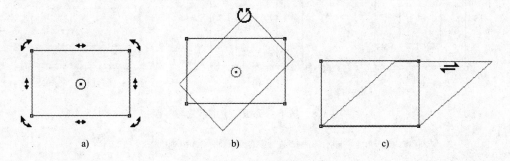

图 3-5　对象的旋转和倾斜

在默认状态下，旋转中心就是对象的中心，如果需要改变旋转中心，可以将鼠标移到旋转中心处，鼠标变成十字形⊕，按下鼠标拖动到需要的位置，如图 3-6a 所示，松开鼠标，则旋转中心移到鼠标松开的位置，这时再旋转，就以新的旋转中心旋转对象，如图 3-6b 所示。

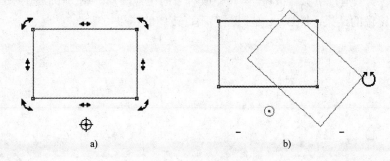

图 3-6　改变旋转中心

3．对象的缩放

对象的缩放可以用鼠标拖动对象周围的 8 个控制柄来实现。选择要缩放的对象，在对象的某个控制柄上按下鼠标左键，鼠标变成↔形状，向内或向外拖动鼠标，出现蓝色的图形轮廓，如图 3-7a 所示，松开鼠标完成对象的缩放。图 3-7a 是拖动右边界中点的控制柄，拖动左上角控制柄的效果如图 3-7b 所示，拖动上边界控制柄的效果如图 3-7c 所示。

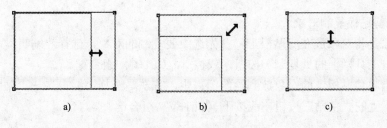

图 3-7　缩放对象

技巧 1：按下〈Shift〉键，再拖动控制柄缩放对象，则对象的中心保持不变，如图 3-8 所示。

技巧 2：按下〈Ctrl〉键，再拖动控制柄缩放对象，则以原图像对象大小的倍数放大对象，不能缩小对象。

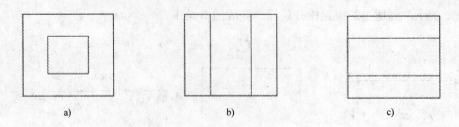

图 3-8 按下〈Shift〉键缩放对象

a) 拖动某个角的控制柄 b) 拖动左边或右边控制柄 c) 拖动上边或下边控制柄

改变对象的大小也可以在属性栏的对象大小框中输入对象的宽度和高度直接改变，或者在属性栏的"缩放因素"框中输入横向和纵向的缩放比例完成对象的缩放。

4．对象的镜像

镜像是指从左至右或从上至下翻转对象。选择要镜像的对象，单击属性栏上的"水平镜像"按钮 ，或"垂直镜像"按钮 ，完成对象的镜像操作。图 3-9a 是原图形，图 3-9b 是原图形水平镜像的结果，图 3-9c 是原图形垂直镜像的结果。

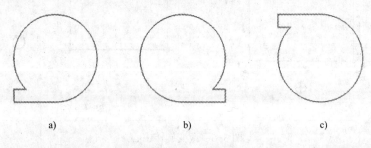

图 3-9 对象的镜像

技巧：按下〈Ctrl〉键，拖动某个控制柄到另一侧，先松开鼠标，再松开〈Ctrl〉键，也可以镜像选定的对象。

3.1.3 对象的复制与删除

1．使用剪贴板复制对象

复制对象是将对象放在剪贴板上。首先选中要复制的对象，选择"编辑"→"复制"菜单项，或单击工具栏上的"复制"按钮，或按下〈Ctrl+C〉组合键。

粘贴是指将剪贴板上的对象放到绘图窗口中，方法是选择"编辑"→"粘贴"菜单项，或单击工具栏上的"粘贴"按钮，或按下〈Ctrl+V〉组合键。

说明：与其他 Windows 程序一样，对象放在剪贴板上后，也可以粘贴到其他类型的文档中。

2．不使用剪贴板直接复制对象

不使用剪贴板也可以直接复制对象。选择要复制的对象，然后按小键盘上的〈+〉键，即在原位置复制一份选择的图形对象。

要在不同的位置复制对象，可以用鼠标左键拖动要复制的对象到合适的位置，再单击鼠标右键，然后松开鼠标左键，则在松开鼠标的位置复制一份选择的对象。

技巧：前面介绍的对象旋转、缩放及镜像等功能，如果用鼠标进行操作，在松开鼠标左键之前都可以单击鼠标右键，在原位置复制一个对象。

3．删除对象

选择要删除的对象，按〈Delete〉键即可删除选择的对象。

3.1.4 对象的仿制与再制

1．对象的仿制

仿制是指仿照原图形对象复制一份放在绘图窗口中，仿制的对象会随原对象的变化而变化。

选中要仿制的对象，选择"编辑"→"仿制"菜单项，在原图形位置错开一点的位置复制一份选择的对象。对于仿制的图形对象，会随原图形对象的变化而改变，即改变原图形的属性，仿制的图形也随其改变。但在对仿制图形的属性进行单独的改变操作后，单独改变过的属性将不再随原对象属性的改变而改变。

2．对象的再制

再制是指将选中的对象复制一份放在绘图窗口中，可以指定再制对象与原对象的相对位置。

选中要再制的对象，选择"编辑"→"再制"菜单项，或按〈Ctrl+D〉组合键，则在离开原对象一定距离的位置复制一份选择的对象。如果再继续按〈Ctrl+D〉组合键，则会在该方向上复制多个对象，如图 3-10 所示。首先画一个矩形，使用挑选工具选中该矩形，按〈Ctrl+D〉组合键 5 次，再制的 5 个矩形分布在同一条直线上。

再制一个对象后，可以移动和缩放再制的对象，然后继续再制时，就沿该方向按相同的比例缩放后再制，如图 3-11 所示。首先画出最左面的小矩形，再制后将其放大并移动到第 2 个矩形的位置，再按〈Ctrl+D〉组合键 4 次，得到最终的效果。

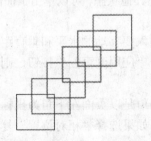
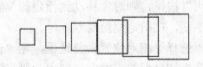

图 3-10 再制多个对象   图 3-11 调整位置和大小后再制

如果想改变再制对象的偏移距离，可以选择"工具"→"选项"菜单项，弹出"选项"对话框，在对话框的左侧选择"文档"→"常规"选项，如图 3-12 所示，在右侧"再制偏移"下方的文本框中输入合适的值，单击"确定"按钮，以后再进行再制时，将使用新输入的偏移值。

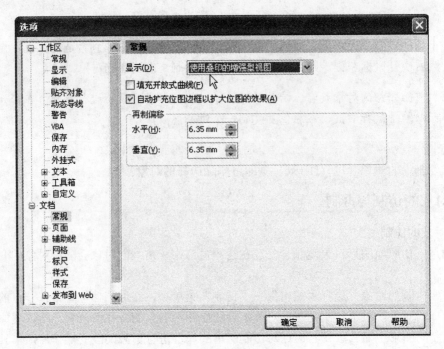

图 3-12　设置再制偏移值

3.2　使用变换泊坞窗变换对象

前面介绍的对图形对象的基本操作都可以通过变换泊坞窗方便地实现。

选择"排列"→"变换"菜单下的任何一个菜单项，或者选择"窗口"→"泊坞窗"→"变换"菜单下的任何一个菜单项，都可以打开变换泊坞窗，如图 3-13 所示。在泊坞窗最上面有 5 个按钮，分别是位置、旋转、缩放和镜像、大小和倾斜。

3.2.1　对象的定位

图 3-13 所示的变换泊坞窗是位置变换泊坞窗，如果是其他状态，可以单击上面的"位置"按钮，切换到这个状态。

选择要移动的对象，在"位置"下面的两个编辑框输入要移动的水平和垂直距离，然后单击"应用"按钮，则对象移动到指定的位置，如果单击"应用到再制"按钮，则原位置的对象保持不变，在指定位置复制一份。

如果不选择"相对位置"复选框，则"位置"指定的值是以页面左下角为坐标原点的坐标值，向右为横坐标的正方向，向上为纵坐标的正方向。如果选择"相对位置"复选框，则"位置"指定的值是相对于选定对象中心的距离。

如果要在对象的周围复制对象，可以选中"相对位置"复选框，然后选择下面 8 个复选框中的一个，再单击"应用到再制"按钮。图 3-14 所示的图形是首先绘制中间的矩形，然后分别选择图 3-13 下方的 8 个复选框，单击"应用到再制"按钮，共复制 8 个矩形。为了看清复制的矩形与泊坞窗中复选框的对应关系，给它们进行了对应的编号。

48

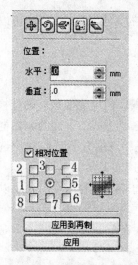
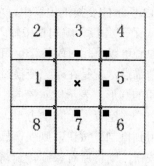

图3-13　位置变换泊坞窗　　　　　　　图3-14　使用相对位置再制对象

实例：使用再制等方法制作图3-15所示的图形。

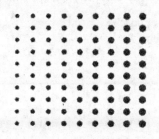

图3-15　实例效果

制作步骤：

1）使用椭圆工具绘制一个正圆，填充为红色，去除轮廓。

2）选中上面绘制的圆形，按〈Ctrl+D〉组合键，再制对象，在属性栏中，将缩放因素设置为110%，按〈Enter〉键使再制的圆形比原图大一点，如图3-16所示。

3）再按〈Ctrl+D〉组合键7次，复制7个圆形，如图3-17所示。

4）框选9个圆形，单击属性栏的群组按钮，使它们组成一个对象。

5）将群组的对象旋转，使其处于水平放置，如图3-18所示。

图3-16　绘制圆形并再制　　　　　图3-17　继续再制　　　　　图3-18　旋转对象

6）选中刚才制作的图形，打开变换泊坞窗，选中"相对位置"复选框，在水平位置输入

0，垂直位置输入一个合适的值（该值的大小与所绘制圆形的大小及间距有关，可以适当调整），单击"应用到再制"按钮 9 次，得到图 3-15 所示的图形。

3.2.2 对象的旋转

在图 3-13 所示的变换泊坞窗中，单击"旋转"按钮 ，泊坞窗变成旋转变换泊坞窗，如图 3-19 所示。在"角度"编辑框中输入要旋转的角度，在"中心"下面的编辑框中输入旋转中心，旋转中心可以是相对坐标，也可以是绝对坐标，在相对中心下面有 9 个选项，用于确定锚点。所谓锚点，就是在对象变换过程中，保持不变的点。

选择中间的圆形，表示以对象的中心为旋转中心，选择左边的方形，表示以对象左边的中点为旋转中心，选择左上角的方形，表示以对象的左上角为旋转中心，其他依此类推。如果单击"应用到再制"按钮，则保留原位置图形对象，并在新的位置复制一个对象，如果单击"应用"按钮，则将原对象旋转到新的位置。

例如，绘制一个箭头，如图 3-20 所示。在旋转变换泊坞窗的角度编辑框中输入 90°，选中"相对中心"复选框，在相对中心下方选择左边中间的方形，单击"应用到再制"按钮，得到图 3-21 所示的结果。可以看到图形左边的中点（锚点）没有移动。

图 3-19　旋转变换泊坞窗

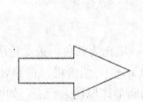
图 3-20　绘制箭头

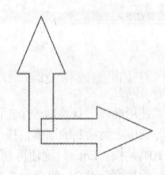
图 3-21　旋转对象 90°

实例：使用再制等方法制作图 3-22 所示的扇子。

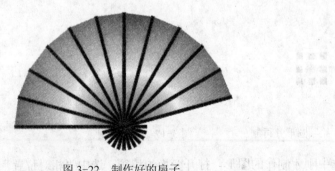

图 3-22　制作好的扇子

制作步骤如下：

1）单击工具箱中的"矩形工具"按钮，在页面中绘制一个细长的矩形，将其填充为蓝色。

2）再单击矩形一次，使其成为旋转状态，将其旋转中心移到靠近右侧的位置，如图3-23所示。

3）打开旋转变换泊坞窗，将旋转角度设置为-15°，单击"应用到再制"按钮11次。

4）选择工具箱中的"贝塞尔工具"按钮，画出扇子中间部分的三角形。清除三角形的轮廓，进行射线渐变填充（可使用"渐变填充"对话框完成渐变填充，将中心设置为白色，周围设置为红色，有关填充的详细介绍可以参考第4章）。选择该三角形，选择"排列"→"顺序"→"到页面后面"菜单项，将三角形放在最底层。

5）再单击一次三角形，使其处于旋转状态，将其旋转中心移到前面矩形的旋转中心处，如图3-24所示。在旋转变换泊坞窗中，将旋转角度设置为-15°，单击"应用到再制"按钮10次，得到图3-22所示的扇子。

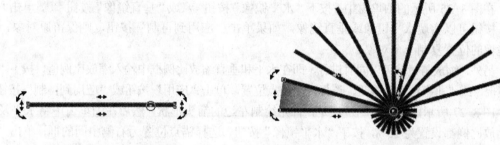

图3-23　设置矩形的旋转中心　　　　　图3-24　绘制三角形并设置旋转中心

3.2.3　对象的缩放和镜像

在变换泊坞窗中，单击"缩放和镜像"按钮，泊坞窗变成缩放和镜像泊坞窗，如图3-25所示。

1．对象的缩放

选中要进行缩放的对象，在泊坞窗中的"缩放"下面输入缩放的比例。如果选中"不按比例"复选框，则水平缩放比例和垂直缩放比例可以不一致；如果不选中"不按比例"复选框，则水平缩放比例和垂直缩放比例保持一致，即改变其中的一个值，另一个值也自动改变。

在"不按比例"复选框下有9个选项，表示锚点的位置，以图3-26所示的4个图形对象为例说明各选项的含义。

先绘制一个矩形（较大的那个矩形），将水平和垂直缩放比例都设置为75%，选中"不安比列"复选框下面的中心圆形，单击"应用到再制"按钮，得到图3-26中的1号图；如果选中左边中间的方形，单击"应用到再制"按钮，得到图3-26中的2号图；如果选中左上角的方形，单击"应用到再制"按钮，得到图3-26中的3号图；如果选中下边中间的方形，单击"应用到再制"按钮，得到图3-26中的4号图。

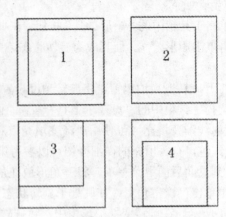

图 3-25　缩放与镜像变换泊坞窗　　　　　　图 3-26　缩放矩形对象

2．对象的镜像

在图 3-25 所示的泊坞窗中，按下"水平镜像"按钮 或"垂直镜像"按钮 ，单击"应用"按钮可以实现水平镜像或垂直镜像，如果单击"应用到再制"按钮，则保留原对象，并在镜像的位置复制一个对象。

另外，缩放与镜像可以同时进行，即在水平和垂直缩放比例框中输入缩放比例值，按下"水平镜像"或"垂直镜像"按钮，选择一个锚点位置，单击"应用"按钮或"应用到再制"按钮。

图 3-27 所示图形的绘制过程是，首先绘制左边的箭头形状，然后在泊坞窗中将水平及垂直缩放比例都设置为 75%，按下"水平镜像"按钮，选择锚点位置为右侧中间的框，单击"应用到再制"按钮。为了看清图形对象的边界，在原图的右边界画了一条虚线。

水平镜像与垂直镜像可以同时进行，方法是按下"水平镜像"按钮和"垂直镜像"按钮，设置好其他参数，单击"应用"按钮或"应用到再制"按钮。例如，先画出箭头形状，按下"水平镜像"按钮和"垂直镜像"按钮，选择锚点为右下角，其他参数与图 3-27 设置的参数相同，单击"应用到再制"按钮，得到图 3-28 所示的结果。

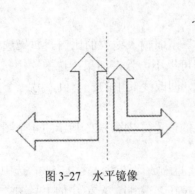

图 3-27　水平镜像　　　　　　　　　　图 3-28　同时水平镜像与垂直镜像

3.2.4　对象的大小与倾斜

1．对象的大小

在变换泊坞窗中，单击"大小"按钮 ，得到图 3-29 所示的泊坞窗，其操作与对象的缩放类似，这里不再重述。二者的区别是缩放是以一定的比例缩放对象，大小是以具体数值确定对象的宽度和高度。

2．对象的倾斜

在变换泊坞窗中，单击"倾斜"按钮，得到图 3-30 所示的泊坞窗，在这里可以方便地对对象进行倾斜操作。

图 3-29　大小变换泊坞窗

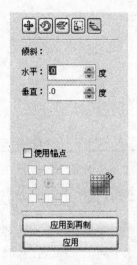

图 3-30　倾斜变换泊坞窗

在水平倾斜框或垂直倾斜框中输入要倾斜的角度，选择"使用锚点"复选框，选择一个锚点位置，单击"应用"按钮或"应用到再制"按钮，完成对象的倾斜。

例如，在图 3-31 中，将水平倾斜角度设置为–30°，以对象中心为锚点，单击"应用到再制"按钮，得到第一个图形（为便于比较，将原始图形的轮廓加粗）；以左上角为锚点则得到第二个图形；以左下角为锚点则得到第三个图形。

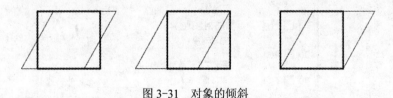

图 3-31　对象的倾斜

3.3　对象的排列与分布

在编辑多个对象时，通常希望将图形对象在页面中整齐地、有条理地排列和组织起来。在 CorelDRAW X3 中可以很方便地实现这些功能。

3.3.1　对象的对齐

1．使用菜单对齐对象

要使多个对象相互对齐，先选中这些对象，然后选择"排列"→"对齐与分布"子菜单中的某个菜单项或按下对应的快捷键，即可将选中的对象按指定的方式对齐。

如果是按下〈Shift〉键逐个选择多个对象，则以最后一个选中的对象为准。例如，在图3-32中按下〈Shift〉键，依次选择矩形、椭圆形和五边形，然后按快捷键〈T〉，使其顶端对齐，则以最后选中的五边形为准，得到图3-33所示的效果。

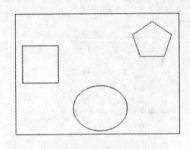
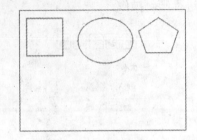

图 3-32 对齐之前   图 3-33 顶端对齐之后

如果是框选多个对象，则以排在最后面的对象为准，有关对象的顺序将在稍后介绍。在绘制对象时，先画出的对象排在后面，后绘制的对象排在前面，当然绘制后还可以改变对象的排列顺序。

除了将多个对象按某种方式对齐外，还可以将对象对齐到页面的中心，包括"在页面居中"、"在页面水平居中"和"在页面垂直居中"等。

2. 使用"对齐与分布"对话框对齐对象

除了使用菜单对齐对象，还可以使用"对齐与分布"对话框对齐对象。选择"排列"→"对齐与分布"→"对齐和分布"菜单项，或单击属性栏上的"对齐和分布"按钮，弹出图3-34所示的"对齐与分布"对话框。

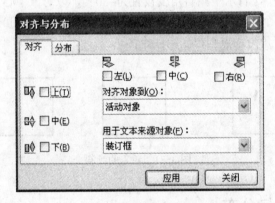

图 3-34 "对齐与分布"对话框

在"对齐与分布"对话框中可以选择对齐方式。在"对齐对象到"下拉框中有"活动对象"、"页边"、"页面中心"、"网格"和"指定点"等选项。其中"活动对象"就是使几个对象对齐。"页边"是将选中的对象对齐到页面的某一边界或页面的某一角。"网格"是指将指定的边与网格对齐，要使页面显示网格，请选择"视图"→"网格"菜单项，如果要去除网格，再选择一次该菜单项即可。"指定点"是指将对象对齐到指定的点，例如，选中图3-35a所示的三个图形，打开"对齐与分布"对话框，选择对齐对象到"指定点"，选中左对齐和上对齐，单击"应用"按钮，鼠标移到页面上变成⊹⊕形状，在某点单击，所选择对象的左上角对齐到该点，如图 3-35b 所示。

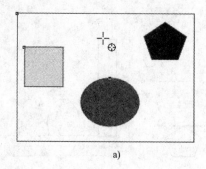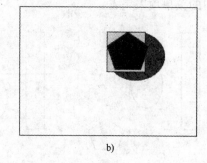

图 3-35 对齐到指定点

3.3.2 对象的分布

对象的分布主要是调整多个对象之间的间距。在弹出的"对齐与分布"对话框中，选择"分布"标签，即可显示"分布"属性页，如图 3-36 所示。

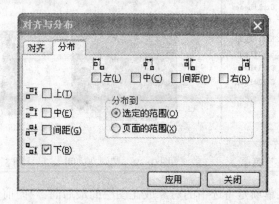

图 3-36 "对齐与分布"对话框的"分布"属性页

在"分布"属性页面中可以选择分布的方式，选择"上"表示各对象的上沿之间的距离相等，选择"中"表示各对象中心之间的垂直距离相等，选择"间距"表示对象之间的间距相等，选择"下"表示各对象下沿之间的距离相等。水平方向的选择类似。

可以选择分布到"选定的范围"或分布到"页面的范围"，表示在选择的区域分布选择的对象或在整个页面的范围内分布选定的对象。

例如，选择图 3-37a 所示的三个对象，打开"对齐与分布"对话框的"分布"属性页，选择分布到"选定的范围"，选择"上"，单击"应用"按钮，得到图 3-37b 所示的结果。如果选择"下"，则得到图 3-37c 所示的结果。为看清间距，绘制了几条虚线。

3.3.3 对象的顺序

在页面上绘制的多个图形对象有时会有重叠的部分。如果对象很多，为了管理方便，通常会在一个页面创建几个图层（有关图层的概念将在第 9 章中介绍，这里仅介绍在同一个图层中进行操作），每个图层放置一些对象。如果想看见后面的对象，就要改变对象的叠放顺序，将需要看到的对象放在图层的前面。这些操作可以通过"排列"→"顺序"子菜单（如图3-38所示）中的菜单项来完成。

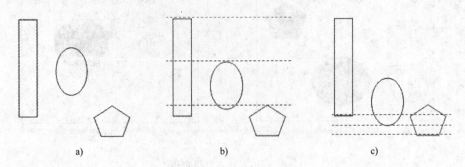

a)　　　　　　　　　　b)　　　　　　　　　　c)

图 3-37　在选定范围分布对象

例如，图3-39所示的图形，椭圆形位于矩形与五边形中间，选中椭圆形，再选择"排列"→"顺序"→"到图层前面"菜单项，得到图3-40所示的结果。

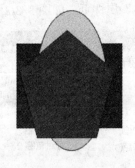

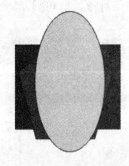

图 3-38　顺序子菜单　　　图 3-39　椭圆在中间　　　图 3-40　椭圆移到最前面

"到图层后面"菜单项是将选中的对象放在图层的最后面。"向前一层"菜单项是将选中的对象向前面移动一层，例如，选中图3-39所示的矩形，选择"排列"→"顺序"→"向前一层"菜单项，则矩形移到椭圆与五边形的中间。"向后一层"菜单项是将选中的对象向后面移动一层，例如，选中图3-39所示的五边形，选择"排列"→"顺序"→"向后一层"菜单项，则五边形移到椭圆与矩形的中间。

如果选中多个对象，则可以一次改变多个对象的顺序，例如，选中图3-39所示的矩形和椭圆，选择"排列"→"顺序"→"向前一层"菜单项，则矩形和椭圆移到五边形的前面。

"置于此对象前"菜单项是将选中的对象放到指定对象的前面。"置于此对象后"菜单项是将选中的对象放到指定对象的后面。例如，选中图3-39所示的矩形，选择"排列"→"顺序"→"置于此对象前"菜单项，鼠标变成➡形状，移动到椭圆形上单击，则矩形移到椭圆的前面，如果在五边形上单击，则矩形移到五边形的前面。

"反转顺序"菜单项是将选中的多个对象的顺序反转过来，例如，选中图3-39中的所有对象，选择"排列"→"顺序"→"反转顺序"菜单项，则矩形移到最前面，五边形移到最后面。

选中图形对象后，再单击右键的快捷菜单中也有"顺序"子菜单，可以完成以上相同的操作。

如果要将选中的一个对象移到图层的最前面或移到图层的最后面，也可以通过单击属性栏中的"到图层前面"按钮🔼或"到图层后面"按钮🔽来实现。

3.4 对象的造形

造形操作是将两个或两个以上的对象按不同的操作方式生成新的对象，包括"焊接"、"修剪"、"相交"、"简化"、"前减后"和"后减前"等 6 种操作。对象的造形可以使用属性栏上的按钮或使用"造形"泊坞窗实现，但使用造形泊坞窗进行操作可以有更多的选择。

选择"窗口"→"泊坞窗"→"造形"菜单项，打开如图 3-41 所示的"造形"泊坞窗。当在页面中选择多个对象时，属性栏出现图 3-42 所示的"造形"按钮，从左到右依次为"焊接"、"修剪"、"相交"、"简化"、"前减后"和"后减前"按钮。

图 3-41　造形泊坞窗　　　　　　图 3-42　属性栏上的造形按钮

3.4.1　焊接

焊接可以将几个图形对象结合成一个图形对象。

1. 使用属性栏按钮实现焊接

使用挑选工具选中需要焊接的多个图形对象，单击属性栏上的"焊接"按钮，则选中的图形对象被焊接成一个对象。

如果按下〈Shift〉键，通过单击选择多个对象，则最后选中的对象称为目标对象，前面选择的对象称为来源对象，焊接后新图形对象的属性与目标对象相同。例如，在图 3-43a 中，按下〈Shift〉键，先选中两个较小的矩形，再选择最大的图形，单击属性栏上的"焊接"按钮，焊接后新图形的填充色以及轮廓线都与焊接前最后选中的矩形相同，如图 3-43b 所示。

如果使用框选方式选择多个图形对象，则顺序排在最后面的对象为目标对象。例如，图 3-43a 中最小矩形的顺序排在最后，框选三个对象后，单击属性栏上的"焊接"按钮，焊接后的新图形如图 3-43c 所示，其属性则与焊接前排在最后面的最小矩形一致。

2. 使用泊坞窗实现焊接

如果焊接后还希望保留原来的对象，可以使用造形泊坞窗实现。在图 3-41 所示焊接造形泊坞窗的"保留原件"下方有"来源对象"和"目标对象"两个复选框,选中某个复选框,则焊接后,相应的原始对象被保留。

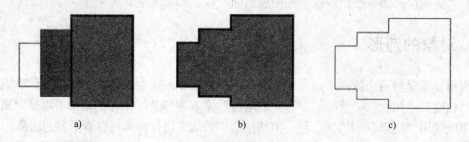

图 3-43 对象的焊接

例如,选中图 3-43a 中两个较小的矩形(来源对象),在焊接造形泊坞窗中选中"来源对象"和"目标对象"两个复选框,单击"焊接到"按钮,光标变成 ⤵ 形状,在最大的矩形(目标对象)上单击,焊接后的图形与图 3-43b 相同,移开焊接生成的新对象,可以看到原来的图形对象仍然保留。

3.4.2 修剪

修剪可以将目标对象交叠在源对象上的部分剪裁掉。

1. 使用属性栏按钮实现修剪

使用挑选工具选中需要修剪的图形对象,单击属性栏上的修剪按钮,则目标对象与来源对象重叠的部分被剪掉。目标对象与来源对象的确定方式与前面相同。

在图 3-44a 中,按下〈Shift〉键,先选中后面的两个椭圆,再选择前面红色的椭圆,单击属性栏上的"修剪"按钮,结果如图 3-44b 所示。修剪后,来源对象保留在页面上,而目标对象被剪裁。为清楚起见,将修剪后的对象从原位置移开一些。

使用框选方式选择图 3-44a 中的所有图形对象,单击属性栏上的"修剪"按钮,因为无填充椭圆的顺序排在最后,无填充椭圆被剪裁,修剪后的效果如图 3-44c 所示。

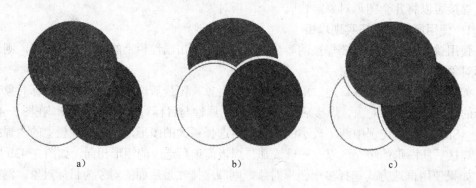

图 3-44 对象的修剪

2. 使用泊坞窗实现修剪

如果修剪后希望保留目标对象,或不保留来源对象,则通过泊坞窗操作较为方便。

在图 3-41 所示的泊坞窗中,选择"修剪",造形泊坞窗变成图 3-45 所示的修剪造形泊坞窗，不选"保留原件"下方的"来源对象"和"目标对象"复选框，选中图 3-44a 中的无填充椭圆和排在最前面的红色椭圆（来源对象），单击泊坞窗中的"修剪"按钮，鼠标变成 形状，在绿色椭圆（目标对象）上单击，得到图 3-46 所示的修剪效果。

图 3-45　修剪造形泊坞窗　　　　　图 3-46　被修剪绿色椭圆

3.4.3　相交

相交可以在两个或两个以上图形对象的交叠处产生一个新的对象。

1. 使用属性栏按钮实现相交

使用挑选工具选中需要相交的图形对象，单击属性栏上的相交按钮，这些对象重叠的部分成为一个新的对象。

例如，选中图 3-47a 中的三个对象，单击属性栏上的相交按钮，则三个对象重叠的部分产生一个新对象，如图 3-47b 中间的红色部分（为了便于观察，将相交产生的对象填充为红色，并不是相交后自动改变填充颜色），而原来的三个图形对象保持不变。

需要注意的是，如果选中的对象没有重叠的部分，则不会产生新的对象，例如，选中图 3-47c 中的三个对象，单击属性栏上的相交按钮，就不会产生新对象。

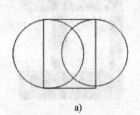
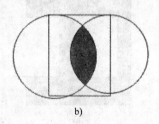
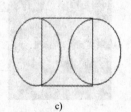

a)　　　　　　　　　　b)　　　　　　　　　　c)

图 3-47　对象的相交

2. 使用泊坞窗实现相交

使用泊坞窗可以选择是否保留来源对象或目标对象，还可以实现多个来源对象分别与一个目标对象进行相交。

在造形泊坞窗的下拉框中选择"相交"，造形泊坞窗变成图 3-48 所示的相交造形泊坞窗，不选保留原件下方的"来源对象"复选框，但选择"目标对象"复选框，选中图 3-49 左边图中的 4 个小圆形（来源对象），单击泊坞窗中"相交"按钮，鼠标变成 ⌐形状，在矩形对象（目标对象）上单击，得到图 3-49 右边所示的结果。相交后产生了 4 个半圆形，其中红色的填充也是为便于观察在相交操作之后设置的，并不是自动改变的。

图 3-48　相交造形泊坞窗

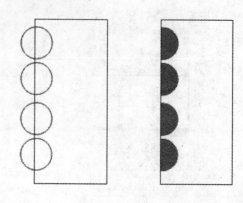

图 3-49　多个来源对象分别与目标对象相交

3.4.4　简化、前减后与后减前

简化、前减后与后减前的操作比较简单，可以在属性栏中操作，也可以在泊坞窗中操作。由于这三种操作对应的泊坞窗比较简单，不需要进行其他设置，因此，这里不再介绍使用泊坞窗进行的操作。

1. 简化

简化可以减去后面图形对象中与前面图形对象的重叠部分，并保留前面的图形对象。

例如，在图 3-50a 中有三个矩形，其中较大的绿色矩形排在最后，选中三个矩形，单击属性栏上的"简化"按钮，得到图 3-50b 所示的结果，绿色矩形与前面两个矩形重叠的部分被剪掉，而前面两个矩形保留，移走前面两个小矩形，得到图 3-50c 所示的结果。

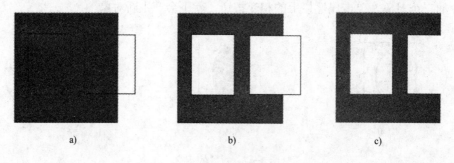

a)　　　　　　　　　　b)　　　　　　　　　　c)

图 3-50　对象的简化

如果三个矩形相互重叠，如图 3-51a 所示，则进行简化操作后，排在最后面的绿色矩形与前面两个矩形重叠的部分被剪掉，而排在中间的黄色矩形与排在最前面无填充矩形重叠的部分也被剪掉，如图 3-51b 所示，将简化后的三个对象移开一些，得到图 3-51c 所示的结果。

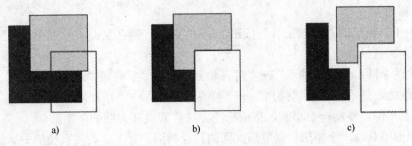

图 3-51　多对象重叠的简化

2．前减后

前减后可以减去后面的图形对象及前、后图形对象的重叠部分，只保留前面图形对象剩下的部分。

例如，图 3-52a 中的三个矩形，其中无填充的矩形排在最前面，选中三个矩形，单击属性栏上的"前减后"按钮，得到图 3-52b 所示的结果。

3．后减前

后减前可以减去前面的图形对象及前、后图形对象的重叠部分，只保留后面图形对象剩下的部分。

例如，选中图 3-52a 中的三个矩形，单击属性栏上的"后减前"按钮，得到图 3-52c 所示的结果。

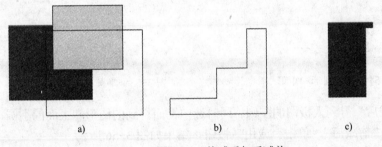

图 3-52　前减后与后减前

3.4.5　实例

1．太极图

使用矩形工具、椭圆工具和对象的造形技术制作图 3-53 所示的太极图。

图 3-53　太极图

制作步骤如下：

1）单击工具箱中的"椭圆工具"按钮，按住〈Ctrl〉键在页面中绘制两个正圆。其中小圆的直径是大圆直径的一半。

2）选中两个圆，选择"排列"→"对齐和分布"→"垂直居中对齐"菜单项，使其圆心在一个垂直线上，然后再选择"排列"→"对齐和分布"→"顶端对齐"菜单项，使小圆恰好在大圆的上半部。复制一个小圆，按同样的方法将其放在大圆的下半部。

3）用矩形工具画一个矩形。高度与大圆的直径相同，宽度是大圆直径的一半。使其对齐于大圆的左半圆，如图 3-54 所示。

4）使用矩形与大圆相交得到一个半圆图形。选择矩形，在"造形"泊坞窗中选择"相交"，选中保留原件中的"目标对象"，不选中"来源对象"单击"相交"按钮，再单击大圆。

5）将上面得到的半圆与下面的小圆焊接，使其成为一个图形。选择半圆，在"造形"泊坞窗中选择"焊接"，将"保留原件"下面的"目标对象"和"来源对象"都不选，单击"焊接到"按钮，再单击下面的小圆，得到如图 3-55 所示的结果。

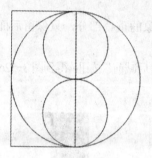

图 3-54　绘制圆形和矩形

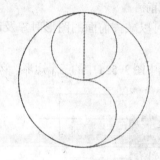

图 3-55　半圆与小圆焊接

6）使用"前减后"得到太极图的左则。同时选中上面得到的图形和上面的小圆，在"造形"泊坞窗中选择"前减后"，单击"应用"按钮，结果如图 3-56 所示。

7）将左面的图形填充为黑色（如果不能填充，是由于再前面的操作过程中造成了图形的不封闭，可以选择该图形，然后选择形状工具，单击属性栏中的"自动闭合曲线"按钮），如图 3-57 所示。

8）再画两个小圆，一个填充为黑色，一个填充为白色，放在图 3-53 所示的位置，得到太极图的最终结果。

图 3-56　前减后得到太极图左侧

图 3-57　左侧填充为黑色

2．相互套在一起的圆环

使用椭圆工具、对象造形及对象对齐和分布等技术制作图 3-58 所示的圆环。

图 3-58　实例效果

制作步骤如下：

1）画圆形并填充为红色，缩小复制一个（复制后的圆形与原来的圆形同心）。

2）选择两个圆形，单击属性栏上的"后减前"按钮，去除轮廓，如图 3-59 所示。

3）将上面得到的圆环复制 3 个，分别填充为绿色、蓝色和黄色。

4）将黄色的圆环放到一边，将其他 3 个圆环排放在合适的位置，使用"对齐与分布"对话框将下面的两个圆环顶端对齐，然后将这两个圆环群组，再将群组后的对象与上面的圆环垂直中心对齐，将蓝色圆环排放在最下面，红色圆环排在最前面，如图 3-60 所示。

图 3-59　绘制圆环

图 3-60　排列分布 3 个圆环

5）画一个矩形，用矩形修剪黄色的圆环，使其成为半圆。为了下面的操作方便，最好剩下大半圆，如图 3-61 所示。

6）将黄色的半圆环与蓝色的圆环重合，将其旋转中心移到蓝色圆环的圆心处，将其旋转使其与红色圆环相交，如图 3-62 所示。

7）用黄色的半圆环去修剪红色的圆环。选中半圆环，在造形泊坞窗的下拉框中选择"修剪"，在保存原件下面的复选框中，选择来源对象，不选择目标对象，单击"修剪"按钮，然后移开半圆环，得到图 3-63 所示的最终效果。

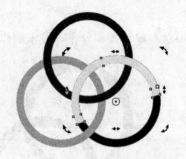

图 3-61　制作半圆环　　　　图 3-62　半圆环与绿色圆环同心　　　图 3-63　用半圆修剪圆环

3.5　对象的群组与结合

3.5.1　群组

　　群组是将多个对象组合在一起，群组中的每个对象仍保持原来的属性。可以将群组后的对象作为一个整体进行处理。如果要单独编辑群组中的某个对象，需要先取消群组。

　　选中要群组的所有对象，选择"排列"→"群组"菜单项，或单击属性栏中的"群组"按钮 ，或按快捷键〈Ctrl+G〉，则选中的对象群组在一起。

　　如果要选择群组对象中的某个对象，只要按下〈Ctrl〉键，再单击要选择的对象。这时就可以对选中的对象进行编辑。按〈Tab〉键可以切换群组中单个对象的选择。

　　群组后的对象作为一个整体还可以与其他的对象再次群组，这样就形成了嵌套群组。

　　如果要取消群组，先选择群组对象，选择"排列"→"取消群组"菜单项，或单击属性栏中的"取消群组"按钮 ，或按快捷键〈Ctrl+U〉，则群组对象又成为几个独立的对象。

　　除了"取消群组"按钮外，属性栏中还有一个"取消全部群组"按钮 ，二者的区别只存在于有嵌套群组的情况。

　　下面以图 3-64 所示的群组对象说明"取消群组"与"取消全部群组"的区别，首先绘制三个圆形和三个正方形，然后将三个圆形群组在一起，将三个正方形群组在一起，最后将两个群组对象再群组在一起，形成一个嵌套群组。选中这个群组对象，如果单击属性栏上的"取消群组"按钮，则群组对象分解成两个群组对象，即三个圆形为一组群组对象，三个正方形为一组群组对象，如果单击属性栏上的"取消全部群组"按钮，则群组对象被分解成 6 个独立的对象。

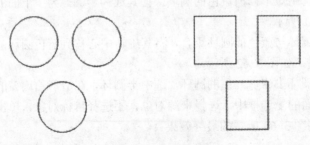

图 3-64　嵌套群组对象

3.5.2 结合

结合是将两个或多个对象结合成一个对象，结合后的对象具有相同的属性，如果结合的对象有重叠的部分，则重叠的部分被切除。

选中要结合的所有对象，选择"排列"→"结合"菜单项，或单击属性栏上的"结合"按钮 ，或按快捷键〈Ctrl+L〉，则选中的对象结合成一个对象。

例如，图 3-65 所示的三个椭圆，绿色椭圆排在最后面，框选三个椭圆，单击属性栏中的"结合"按钮，得到图 3-66 所示的结果。结合后的填充色是绿色的，即与排在最后面对象的属性相同（如果按下〈Shift〉键，单击选择多个对象，则结合后的对象属性与最后选中的对象属性相同）。还发现两两重叠的部分被删除，而三个对象重叠在一起的部分保留。

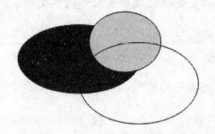
图 3-65 结合前的三个椭圆

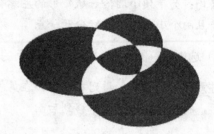
图 3-66 结合后的图形

如果要取消结合，只要选中结合的对象，选择"排列"→"拆分曲线"菜单项，或单击属性栏中的"拆分"按钮 ，或按快捷键〈Ctrl+K〉，即可将结合后的对象拆分成结合前的独立对象。

3.5.3 实例

使用椭圆工具、矩形工具，对象复制、对象对齐和分布以及对象造形等技术制作图 3-67 所示的邮票。

图 3-67 邮票

制作步骤如下：

1）绘制矩形和圆形，并使圆形的中心与矩形的左上角重合，如图 3-68 所示。

2）打开变换泊坞窗，单击"位置"按钮，选择小圆形，在水平后面的文本框中输入合适的值，单击"应用到再制"按钮若干次，将小圆形均匀分布在矩形的上边。按相同的办法将小圆形分布到其他三个边，如图 3-69 所示。

图 3-68　绘制矩形和圆形　　　　　　　　　　　　　　图 3-69　复制小圆

技巧：为了使小圆恰好从矩形的左端分布到右端，需要合理设置矩形的宽度和小圆的直径，并且两个小圆之间最好分开一点。

3）选中所有的图形，单击属性栏上的"后减前"按钮，得到图 3-70 所示的效果。

注意：为了使矩形排列在后面，在第 1）步一定要先画矩形，后画圆形，或者绘制两个图形后，将矩形的排列顺序移到后面。

4）导入素材中的"邮票图片.jpg"。选择"文件"→"导入"菜单项，在弹出的导入对话框中选择"邮票图片.jpg"，单击"导入"按钮，回到页面中，在某一点按下鼠标左键，沿对角线拖动到另一点松开。调整图片的位置和大小，效果如图 3-71 所示。

图 3-70　后减前使矩形四周产生锯齿　　　　　　　　　图 3-71　导入邮票中的图片

5）输入文字。在工具箱中选择文本工具 字，在属性栏中选择合适的字体和字号，在页面中单击后输入图 3-67 中所需的文字，其中在输入"中国邮政"之前，单击属性栏上的"将文本改为垂直方向"按钮 ，使其垂直排列。最终将所有对象群组，得到图 3-67 所示的邮票。

3.6　对象的锁定与解锁

对象编辑好之后，为了防止在编辑其他对象时被意外改动，可以将对象锁定。对象被锁定后，不能再对其进行任何修改，包括位置、大小、形状、填充等。

要锁定对象，只要选中要锁定的对象，选择"排列"→"锁定对象"菜单项，则选中的对象被锁定。

选中对象后，如果对象未被锁定，其四周有 8 个黑色小方块，如图 3-72 所示。如果对象处于锁定状态，其四周有 8 个锁形图标，如图 3-73 所示。

图 3-72　对象未被锁定

图 3-73　对象被锁定

要解除对象的锁定状态，只要选中锁定的对象，选择"排列"→"解除锁定对象"菜单项，则对象恢复到未锁定状态。

3.7　习题

1．选择题（可以多选）

（1）要同时选中页面中的多个对象，应使用键盘上的_____键配合鼠标单击。

A．Ctrl　　　　　　B．Shift　　　　　　C．Alt　　　　　　D．Ctrl+Shift

（2）要在多页面之间移动对象，正确的操作是_____。

A．复制对象后，选择新页面并粘贴即可

B．剪切对象后，选择新页面并粘贴即可

C．拖放对象到目标页面的标签上，并将对象拖放到该页面上

D．使用编辑/移动到另一页面命令

（3）拖动对象时按住_____键，可以使对象只在水平或垂直方向移动。

A．Ctrl　　　　　　B．Shift　　　　　　C．Alt　　　　　　D．Esc

（4）用"挑选"工具选定重叠对象中后面的对象，需按住_____键。

A．Ctrl　　　　　　B．Shift　　　　　　C．Alt　　　　　　D．Esc

（5）双击"挑选"工具将会选择_____。

A．页面内的所有对象

B．某个单个对象

C．文档中的所有对象

（6）使用_____键可以从群组对象中选定单个对象。

A．Ctrl+Shift　　　B．Ctrl+Tab　　　　C．Ctrl+Alt　　　　D．Ctrl

（7）对两个不相邻的图形执行焊接命令，结果是_____。

A．两个图形对齐后结合为一个图形

B．没有反应

C．两个图形原位置不变结合为一个图形

D．两个图形成为群组

（8）点选多个对象，执行结合命令，所得到的对象的属性是_____。

A．同最下面的对象　　　　　　B．同最上面的对象

C．同最后选取的对象　　　　　　D．同最先选取的对象

（9）对对象 A 执行仿制命令，得到对象 B，再对对象 B 执行再制命令得到对象 C，现改变对象 A 的填充属性，结果是_____。

    A．ABC 填充效果一起变   B．B 变 C 不变

    C．BC 都不变   D．C 变 B 不变

（10）框选多个对象，执行对齐命令，结果是_____。

    A．以最下面的对象的位置为基准进行对齐

    B．以最上面的对象的位置为基准进行对齐

    C．以中间的对象的位置为基准进行对齐

（11）在"复制"与"剪切"命令中，能保持物体在剪贴板上又同时保留在屏幕上的是_____。

    A．两者都可以   B．复制命令   C．剪切命令   D．两者都不可以

（12）同时沿水平和垂直方向同比例伸展对象时，可_____。

    A．利用"挑选"工具选定对象，按住〈Alt〉键，然后拖动一个角上的手柄

    B．利用"挑选"工具选定对象，按住〈Ctrl〉键，然后拖动一个角上的手柄

    C．利用"挑选"工具选定对象，按住〈Shift〉键，然后拖动一个角上的手柄

（13）在"排列和分布"对话框上部，三个复选框可以设置垂直对齐方式。选中"左"（Left）可以_____，选中"中"（Center）可以_____，选中"右"（Right）可以_____。

    A．将选中对象沿左部对齐到同一垂直线上

    B．将选中对象沿中心对齐到同一垂直线上

    C．将选中对象沿右部对齐到同一垂直线上

    D．将选中对象沿中心点对齐到同一水平线上

（14）_____命令是通过奇偶计算法计算，两两相交的部分被挖空。

    A．群组   B．组合   C．拆分   D．结合

（15）在对齐对象的时候，结果可能是_____。

    A．点选时以最后选择的对象为基准对齐

    B．框选时以最下面的对象为基准对齐

    C．点选和框选都以最下面的对象为基准对齐

    D．点选时以最先选择的对象为基准对齐

（16）切换群组中单个对象的选择是_____。

    A．按〈Ctrl〉键   B．按〈Shift〉键   C．按〈Alt〉键   D．按〈Tab〉键

（17）焊接对象泊坞窗中的"目标对象"是指_____。

    A．所有焊接对象   B．首先选择的对象

    C．焊接箭头指向的对象   D．焊接后产生的对象

（18）在焊接对象的操作中，若原始对象有重叠部分，则重叠部分会_____。

    A．将被忽略   B．合并为一个整体

    C．重叠区会被清除   D．重叠区将以相应颜色显示

（19）对齐对象的正确操作是_____。

    A．选择对象后单击属性栏上的"对齐和分布"按钮

    B．选择对象后选择"排列"→"对齐和分布"中的某个菜单项

C. 选择对象后选择"编辑"→"对齐和分布"中的某个菜单项

D. 选择对象后选择"版面"→"对齐和分布"中的某个菜单项

（20）拆分组合的方法，正确的是_____。

A. 选择组合对象，选择"排列"→"拆分曲线"菜单项

B. 选择组合对象并单击属性栏上的"拆分"按钮

C. 选择组合对象，选择"版面"→"拆分"菜单项

D. 选择组合对象，选择"效果"→"拆分"菜单项

（21）使用修剪功能时，点选多个对象，就会修剪_____的对象。

A. 最底层　　　　B. 最上层　　　　C. 最后选定　　　D. 最先选定

2. 填空题

（1）接触式选择对象是指鼠标拖动过程中，接触到的对象都会被选中，要实现接触式选择，需要按下_____键。

（2）使用挑选工具单击对象两次，对象处于旋转状态，将鼠标移动到对象边界的中点，鼠标变成 ⇌ 形状，这时按下鼠标拖动，即可_____对象。

（3）在_____对话框中，可以设置再制对象的偏移距离。

（4）在"对齐与分布"对话框中，在"对齐对象到"下拉框中选择"页边"，则是将选中的对象对齐到页面的_____或页面的_____。

（5）在进行焊接、修剪等造形操作时，如果是点选多个对象，则最后选中的对象称为_____，前面选择的对象称为_____。如果使用框选方式选择多个图形对象，则顺序排在最后面的对象为_____。造形操作得到的对象的属性与_____的属性相同。

（6）相交操作可以得到多个对象重叠部分的图形对象，如果想实现多个来源对象分别与一个目标对象进行相交操作，应该使用_____实现。

（7）群组是将多个对象组合在一起，群组中的每个对象仍保持_____属性。

（8）如果两个对象没有重叠的部分，点选两个对象后，执行焊接命令，则焊接后对象的填充颜色由_____对象决定。

（9）对象编辑好之后，为了防止在编辑其他对象时被意外改动，可以将对象_____。

第4章 颜色填充与轮廓编辑

颜色填充与轮廓编辑在图形的设计与处理中具有非常重要的作用。在 CorelDRAW 中有多种填充方式，如均匀填充、渐变填充、图案填充和底纹填充等。轮廓的编辑包括轮廓线的宽度、颜色、样式等。

4.1 颜色模式与调色板

4.1.1 颜色模式

图形对象的颜色虽然千变万化，但不论什么颜色，都可以由几个基本元素决定，比如，可以将任何颜色都看作是红色、绿色和蓝色三种基本颜色的组合，三种颜色的比例不同，形成不同的颜色。

颜色模式就是定义组成图像颜色的数量和类别的系统。在 CorelDRAW 中有很多种颜色模式，这里仅介绍 RGB 模式、CMYK 模式、HSB 模式和灰度模式。

1. RGB 颜色模式

RGB 颜色模式以红色（R）、绿色（G）、蓝色（B）三种基本颜色为基础，RGB 的取值范围是 0~255，通过三种基本颜色不同比例的叠加，产生各种各样的颜色，例如，三个分量都是 0 时，是黑色，三个分量都是 255 时，是白色。

2. CMYK 颜色模式

CMYK 颜色模式以青色（C）、品红（M）、黄色（Y）、黑色（K）4 种基本颜色为基础，CMYK 的取值范围是 0~100，通过 4 种基本颜色混合成不同的颜色。

3. HSB 颜色模式

HSB 颜色模式使用色度（H）、饱和度（S）、亮度（B）等三个元素定义颜色。色度（H）决定颜色，取值范围是 0~355，如取值 0 为红色，取值 60 为黄色，取值 120 为绿色，取值 180 为青色，取值 240 为蓝色，取值 300 为品红。饱和度（S）决定颜色深度，取值范围是 0~100，值越大，色彩越深。亮度指颜色包含的白色量，取值范围是 0~100，值越大，色彩越明亮。

4. 灰度颜色模式

灰度颜色模式仅使用一种成分（亮度）定义颜色，取值范围是 0~255，值为 0 时，是黑色，值为 255 时，是白色。

4.1.2 调色板

调色板就是颜色的集合，可以使用调色板方便地为对象填充指定的颜色，也可以为轮廓指定颜色。CorelDRAW 系统提供了多个调色板，如默认 CMYK 调色板、默认 RGB 调色板、标准调色板等。用户也可以定义自己常用的调色板。若要打开调色板，可以选择"窗口"→"调色板"子菜单中的相应菜单项。

1. 调色板的设置

默认情况下，调色板位于窗口的右边，通过用鼠标拖动调色板上方的手柄可将其移动到窗口的任何位置，如图 4-1 所示。

将鼠标移动到某个颜色方块上，会显示该颜色的名称。如果需要调色板上的颜色块一直显示颜色名，可以单击调色板左上角的菜单按钮 📇，在弹出的菜单中选择"显示颜色名"菜单项即可，如图 4-2 所示。

图 4-1　默认 CMYK 调色板　　　　　　　　图 4-2　显示颜色名称

2. 对象填充和设置轮廓颜色

选中要编辑的图形对象，左键单击调色板中的某个颜色块，即以该颜色填充选中的对象，右键单击颜色块，则将选定对象的轮廓设置为单击的颜色。

左键单击调色板中的 ⊠ 按钮，则使选中的图形对象无填充，右键单击调色板中的 ⊠ 按钮，则使选中的图形对象无轮廓。

注意：无填充与填充白色是不同的，无填充的图形是透明的，即可以看到该图形对象后面的对象，而填充为白色是不透明的。

要填充非封闭图形，需要在"选项"对话框中进行设置。选择"工具"→"选项"菜单项，弹出"选项"对话框，在该对话框的左边选择"文档"下面的"常规"，在右侧选中"填充开放式曲线"复选框，如图 4-3 所示。单击"确定"按钮，回到绘图窗口，之后便可以填充非封闭的图形对象。

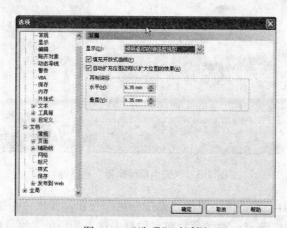

图 4-3　"选项"对话框

71

3．创建调色板

如果在设计中经常需要用到一组颜色，则可以自建一个调色板。

单击调色板左上角的菜单按钮，在弹出的菜单中选择"调色板"→"新建"菜单项，弹出"新建调色板"对话框，在该对话框中输入调色板的名称（例如"调色板 1"），单击"保存"按钮，回到绘图页面，可以看到刚才建立的调色板，如图 4-4 所示。

图 4-4　新建的调色板

此时"调色板 1"中还没有颜色，要向调色板中添加颜色，可以单击调色板左上角的菜单按钮，在弹出的菜单中选择"排列图标"→"调色板编辑器"菜单项，弹出"调色板编辑器"对话框，如图 4-5 所示。

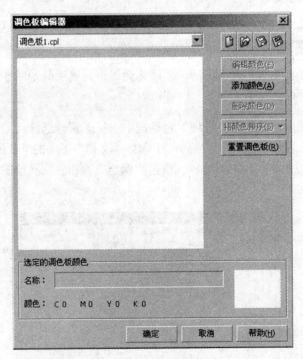

图 4-5　"调色板编辑器"对话框

在"调色板编辑器"对话框中单击"添加颜色"按钮，弹出"添加颜色"对话框，如图 4-6 所示。在该对话框中选择一种颜色，在名称框中输入颜色的名字，单击"加到调色板"按钮，该颜色被添加到调色板中，重复这一过程可以继续添加其他颜色到调色板中。单击"关闭"按钮，回到"调色板编辑器"对话框，再单击"确定"按钮，颜色添加完毕。

图 4-6 "选择颜色"对话框

4.2 颜色填充

4.2.1 均匀填充

均匀填充是以一种纯色填充整个图形对象。可以使用调色板为对象进行均匀填充，方法是选择要填充的图形对象，单击调色板中的某个颜色块。如果要使用调色板中两种颜色的混合色均匀填充图形对象，可以先用一种颜色均匀填充对象，例如，红色，再按下〈Ctrl〉键，单击另一种颜色块，例如绿色，则就会在红色填充的基础上加入部分绿色分量，继续按下〈Ctrl〉键，单击绿色块，绿色分量会逐渐增加。

因调色板中的颜色是有限的，如果调色板中的颜色不能满足需要，可以使用"颜色"泊坞窗或"均匀填充"对话框进行填充。

要打开"颜色"泊坞窗，可以单击工具箱中的填充工具，然后在展开的填充工具栏中单击"颜色泊坞窗"按钮。

要打开"均匀填充"对话框，可以单击工具箱中的填充工具，然后在展开的填充工具栏中单击"填充对话框"按钮。

4.2.2 渐变填充

渐变填充是将图形对象填充成两种或多种颜色的平滑渐变。根据颜色渐变的路径，渐变填充有线性渐变填充、射线渐变填充、圆锥渐变填充和方角渐变填充。每一种渐变填充都可以通过"对象属性"泊坞窗完成。

1. 线性渐变填充

在"对象属性"泊坞窗中单击"填充"按钮，在"填充类型"下拉框中选择"渐变填充"，如图 4-7 所示。

选择要填充的图形对象，在图 4-7 所示的"对象属性"泊坞窗中单击"渐变填充"下面的"线性渐变填充"按钮 ，则选择的图形被默认的两种颜色（黑白）线性渐变填充，如图 4-8 所示。当然，可以通过两个下拉框改变这两种颜色。

图 4-7　对象属性泊坞窗

图 4-8　线形渐变填充的矩形

如果需要对渐变填充效果进行更多的设置，例如，渐变方向、多种颜色渐变等，则需要在"渐变填充"对话框中进行设置。方法是单击"对象属性"泊坞窗中的"高级"按钮，弹出"渐变填充"对话框，如图 4-9 所示。

设置好"渐变填充"对话框中的各种参数后，单击"确定"按钮，则以"填充"对话框中设置的参数对选中的图形对象进行填充，如图 4-10 所示。

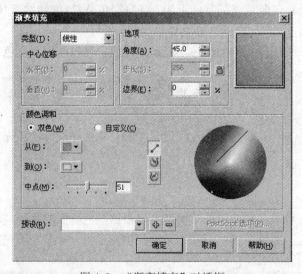

图 4-9　"渐变填充"对话框

图 4-10　渐变填充效果

选择"渐变填充"对话框中"颜色调和"下面的"双色"单选钮，实现两种颜色的渐变填充，如果选择"自定义"单选钮，可以实现多种颜色的渐变填充。"选项"下面的"角度"用于控制渐变的方向，例如，"角度"为 0 时，从左到右渐变。"选项"下面的"边界"用于设置两端不进行渐变部分的百分比，范围是 0~49%。

在"渐变填充"对话框的右下方还有三个按钮，分别是颜色直接渐变 、颜色逆时针渐变 、颜色顺时针渐变 。颜色直接渐变就是在右侧的圆形颜色循环图中按直线方向从一种颜色逐渐过渡到另一种颜色，颜色逆时针渐变指的是颜色从起始颜色开始，在圆形颜色循环图中按逆时针的弧线方向逐渐过渡到终止颜色，颜色顺时针渐变的含义与颜色逆时针渐变类似。因此，即使是双色填充，如果选择颜色逆时针渐变或颜色顺时针渐变，实际填充效果仍然可以有多种颜色。

在"渐变填充"对话框中选择"自定义"单选钮，对话框变成图 4-11 所示的样子。对话框的左下方有一个矩形颜色区，可以在该区域设置填充颜色。默认情况下为两种颜色的渐变，可以在矩形颜色区上方看到两端各有一个小方块，单击选择其中一个，再单击右侧调色板中的某个颜色块，设置该端点的颜色。在矩形颜色区某点双击，可以加入一个颜色点（矩形颜色区上方出现一个小三角形），还可以拖动小三角形改变颜色点的位置，单击调色板中的某个颜色块，设置其颜色。如果在表示颜色点的小三角形上双击，则删除该颜色点。

自定义的多种颜色渐变填充效果如图 4-12 所示。

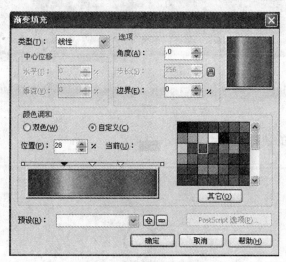

图 4-11　自定义渐变填充对话框

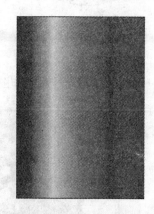

图 4-12　多种颜色渐变填充效果

2．射线渐变填充

在图 4-7 所示的"对象属性"泊坞窗中单击"径向渐变填充"按钮 ，或者在"渐变填充"对话框左上角的"类型"下拉框中选择"射线"，都可以对图形对象进行射线渐变填充。但如果要对渐变设置更多的参数，需要使用"渐变填充"对话框。

射线渐变填充的效果如图 4-13 所示，其填充颜色是从图形对象中心沿径向逐渐渐变。当选择射线渐变填充时，图 4-11 所示"渐变填充"对话框的"中心位置"可以启用，其作用是可以将渐变中心移离图形对象中心。"渐变填充"对话框中其他参数的设置与线性渐变填充相同。

3．圆锥渐变填充

在图 4-7 所示的"对象属性"泊坞窗中单击"圆锥渐变填充"按钮▣，或者在"渐变填充"对话框左上角的"类型"下拉框中选择"圆锥"，都可以对图形对象进行圆锥渐变填充。

圆锥渐变填充的效果如图 4-14 所示，"渐变填充"对话框中的参数设置与前面相同。

4．方角渐变填充

在图 4-7 所示的"对象属性"泊坞窗中单击"方角渐变填充"按钮▣，或者在"渐变填充"对话框左上角的"类型"下拉框中选择"方角"，都可以对图形对象进行方角渐变填充。

方角渐变填充的效果如图 4-15 所示，"渐变填充"对话框中各参数的含义与前面相同。

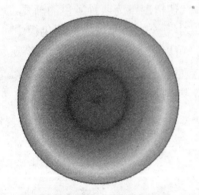  

图 4-13　射线渐变填充　　　　图 4-14　圆锥渐变填充　　　　图 4-15　方角渐变填充

5．实例

使用渐变填充技术制作图 4-16 所示的钮扣和图 4-17 所示的光盘。

图 4-16　钮扣　　　　　　　　　图 4-17　光盘

钮扣制作步骤如下：

1）使用椭圆工具绘制圆形，使用"渐变填充"对话框为其添加线性渐变填充，在"颜色调和"下面选择"自定义"，两端选择黑色，中间添加一个颜色点，选择 20％黑，角度设置为 45°。

2）按下〈Shift〉键，将上面得到的圆形原地缩小并复制一个，使用相同的渐变填充，只是将角度设置为–45°，如图 4-18 所示。

3）再按下〈Shift〉键，将刚才得到的圆形再缩小并复制一个，使用圆锥渐变填充，两端选择黑色，中间添加一个颜色点，选择40%黑，角度设置为45°，如图4-19所示。

图4-18　绘制并填充的两个圆形　　　　图4-19　复制并填充的3个圆形

4）绘制一个小圆，均匀填充为白色，并复制三个，按图4-16所示的位置排放好，去除所有圆形的轮廓，得到最终的钮扣图形。

光盘制作步骤如下：

1）使用椭圆工具绘制圆形，均匀填充为10%黑色。

2）按下〈Shift〉键，将上面得到的圆形缩小并复制一个，使用"渐变填充"对话框为圆形进行圆锥渐变填充，在"颜色调和"下面选择"自定义"，添加几个颜色点，并设置为不同的颜色。

3）再按下〈Shift〉键，将刚才得到的圆形再缩小并复制一个，均匀填充为黑色，如图4-20所示。

4）将黑色圆形缩小复制并填充为白色，再将白色圆形缩小复制，填充为黑色，如图4-21所示。

图4-20　绘制并填充的三个圆形　　　　图4-21　复制并填充的5个圆形

5）将其中最小的黑色圆形缩小复制并填充为白色，然后将其向右方移动一点，得到图4-17所示的光盘效果。

4.2.3　图样填充

图样填充是指使用一系列重复的矢量对象或图像进行的填充，图样填充有双色图样填充、全色图样填充和位图图样填充三种。

1．双色图样填充

在"对象属性"泊坞窗中单击"填充"按钮，在"填充类型"下拉框中选择"图样填充"，如图 4-22 所示。泊坞窗"填充图案"下方的三个按钮分别是双色图样填充按钮 、全色图样填充按钮 和位图图样填充按钮 。

双色图样填充是指填充的图案只有两种颜色。选择要填充的图形对象，在图 4-22 所示的"对象属性"泊坞窗中单击"填充图案"下面的双色图样填充按钮，在"第一个填充挑选器"下拉列表中选择一种图案，并选择前部和后部的颜色，则选择的图形对象被填充为指定的图案，如图 4-23 所示。

图 4-22　图样填充泊坞窗

图 4-23　双色图样填充效果

如果要对填充进行更多的设置，则需要使用"图样填充"对话框。单击图 4-22 所示泊坞窗中的"高级"按钮，或单击工具箱中的填充工具 右下角的小黑色三角形，在填充展开工具栏中单击"图样填充对话框"按钮 ，弹出图 4-24 所示的"图样填充"对话框。

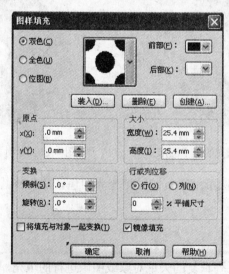

图 4-24　"图样填充"对话框

在"图样填充"对话框中除了可以选择填充图案和图案的颜色外,还可以设置填充图案的原点、大小、变换以及行或列的位移。图案的原点是指填充图案的左下角相对于被填充对象左下角的坐标,图案的大小设置填充图案的长和宽,变换是指将填充图案倾斜或(和)旋转。行或列位移是指每一行(列)填充图案相对于前一行(列)有一定的位移。

如果选中"图样填充"对话框下方的"将填充与对象一起变换"复选框,则填充后,如果改变对象的大小,或倾斜、旋转对象,其填充图案也一起变化。如果选中"镜像填充"复选框,则填充后,第一行用所选填充图案填充,第二行用所选填充图案的镜像填充。例如,图 4-25 为不选择"镜像填充"复选框的效果,图 4-26 为选择"镜像填充"复选框的效果。

图 4-25　不选择镜像填充的填充效果　　　　图 4-26　选择镜像填充的填充效果

补充:通过单击"图样填充"对话框中的"创建"按钮,可以创建自己定义的双色填充图案。

2.全色图样填充

全色图样填充则是比较复杂的矢量图形,可以由线条和填充组成。

在图 4-24 所示的"图样填充"对话框中,选择"全色图样填充"按钮即可以为选中的图形对象进行全色图样填充。对话框中各参数的含义及设置方法与双色图样填充相同。

单击"装入"按钮,可以使用磁盘上的图形作为填充图案。

要创建全色填充图样,可以选择"工具"→"创建"→"图样"菜单项,弹出图 4-27 所示的"创建图样"对话框,在对话框左侧选择"全色"单选钮(当然选择"双色"单选钮可以创建双色填充图样),在对话框右侧选择一种分辨率,单击"确定"按钮,回到绘图窗口。

此时鼠标当前位置出现一个水平直线和一个垂直直线,在合适的位置按下鼠标左键拖动,会看到一个矩形虚线框,如图 4-28 所示,松开鼠标后,弹出一个确认对话框,在确认对话框中单击"确定"按钮,弹出"保存向量图样"对话框,在该对话框中输入文件名,单击"保存"按钮,则虚线框内的区域被保存为全色填充图样,以后就可以在"图样填充"对话框中选择该图样来填充图形对象。

3.位图图样填充

位图图样填充是使用位图图像对选择的对象进行填充。

在图 4-24 所示的"图样填充"对话框中,选择"位图图样填充"单选钮即可以为选中的图形对象进行位图图样填充。对话框中各参数的含义及设置方法与双色图样填充相同。

单击"图样填充"对话框中的"装入"按钮,可以装入需要的图形作为填充图样。

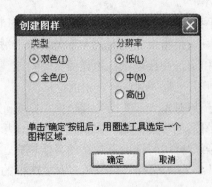

图 4-27 "创建图样"对话框　　　　　　图 4-28 拖动鼠标确定图样范围

4.2.4 底纹填充

底纹填充是随机生成的填充，可用来赋予对象自然的外观。

选择要填充的图形对象，在填充展开工具栏上单击"底纹填充对话框"按钮，或在"对象属性"泊坞窗中的"填充类型"下拉框中选择"底纹填充"，单击"高级"按钮，弹出图 4-29 所示的"底纹填充"对话框。

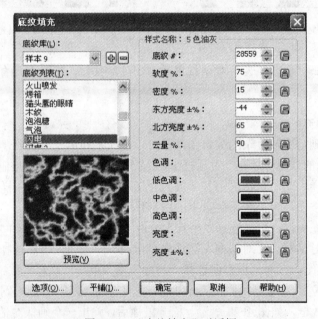

图 4-29 "底纹填充"对话框

在"底纹填充"对话框的"底纹库"下拉列表中选择一个底纹库，然后在底纹列表中选择一种底纹，设置好对话框右侧的参数（不同的底纹具有不同的参数，可以在练习中学习各参数的意义），单击"确定"按钮，即以选择的底纹填充选中的图形对象。

4.2.5 PostScript 填充

PostScript 填充是用 PostScript 语言设计的底纹填充的一种类型。

选择要填充的图形对象，在填充展开工具栏上单击"PostScript 填充对话框"按钮，或在"对象属性"泊坞窗中的"填充类型"下拉框中选择"PostScript 填充",单击"高级"按钮,弹出图 4-30 所示的"PostScript 底纹"对话框。

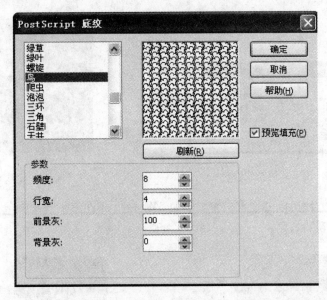

图 4-30 "PostScript 底纹"对话框

在"PostScript 底纹"对话框中选择一个 PostScript 底纹,可以看到右侧的预览图,在对话框下方设置好各个参数(不同的 PostScript 底纹具有不同的参数,可以在练习中学习各参数的意义),单击"确定"按钮,即以选择的 PostScript 底纹填充选中的图形对象。

4.3 交互式填充

使用交互式填充工具可以通过鼠标直观地在对象上操作为其填充。交互式填充展开工具栏包含两个工具,交互式填充工具 和交互式网状填充工具 。

4.3.1 交互式填充工具

使用交互式填充工具可以完成所有类型的填充。下面以线性渐变填充为例介绍使用交互式填充工具为图形对象进行填充的方法。

选择要填充的图形对象,单击交互式填充工具 ,出现交互式填充属性栏,如图 4-31 所示。在"填充类型"下拉框中选择"线性",在其后面的两个下拉框中分别选择起始填充颜色和终止填充颜色,在下面的各个框中分别设置渐变填充中心点、渐变填充角度和边界,得到填充的效果如图 4-32 所示。

直接使用鼠标在图形对象上进行操作,也可以设置填充的参数。拖动中间的滑块可以改变渐变的中心点,拖动两端的方块也可以改变填充效果,如图 4-33 所示。

在调色板的某个颜色块上按下鼠标左键,拖到表示交互式填充的虚线上某点松开,则在该位置插入一个颜色点,该点的颜色就是在调色板上选取的颜色。

拖动调色板上的颜色块到虚线上已经存在的方块上松开,或者单击某个方块选中该方块,然后再单击调色板上的颜色块，则可以改变该点的颜色。如果按下〈Ctrl〉键，再进行上面的操作，则可以为该点添加某颜色分量。

图 4-31　交互式填充属性栏

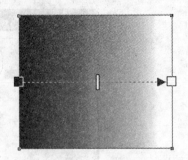

图 4-32　交互式填充效果

拖动虚线上的方块可以改变其位置。例如，图 4-34 是在添加两个颜色点，并改变原来初始的填充颜色所得到的效果。

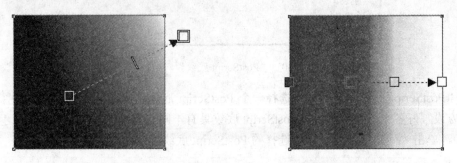

图 4-33　用鼠标直接设置填充效果　　　　图 4-34　多种颜色的渐变填充

4.3.2　交互式网状填充工具

使用交互式网状填充可以将填充对象进行网状分割，在各个分割区域填充不同的颜色。

选择要填充的对象，在交互式填充工具展开栏中选择交互式网状填充工具，在图 4-35 所示的属性栏中设置网格的行数和列数，这时在选择的图形对象上可以看到网格形状，如图 4-36 所示。

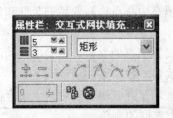

图 4-35　交互式网状填充属性栏

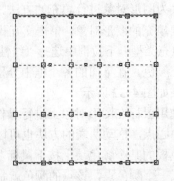

图 4-36　填充对象上的网格

1. 编辑网格

可以对图 4-36 所示的网格进行各种编辑。

（1）选择节点

要选择一个节点，只要单击该节点。要选择多个节点，可以按下〈Shift〉键，逐个单击要选择的节点；也可以使用框选的方式选择多个节点，如果在属性栏的"选取范围模式"下拉框中选择"矩形"，则框选范围是一个矩形，如果在属性栏的"选取范围模式"下拉框中选择"手绘"，则框选范围可以是绘制的任何形状。

（2）添加或删除节点

在某个方格中双击鼠标左键，可以在该位置添加一个交叉点，即添加相交于该点的一条水平线和一条垂直线，双击一个交叉点则将其删除。在某水平线上无节点的位置双击鼠标左键，增加一条垂直线，在某垂直线上无节点的位置双击鼠标左键，增加一个条水平线，双击某个节点则将该节点删除。

要删除节点，也可以先选中要删除的节点，再按〈Delete〉键，或单击属性栏中的删除节点按钮。

（3）移动节点

首先选中要移动的节点，然后用鼠标拖动即可将选中的节点移动。

（4）编辑节点

选中某个节点，就会出现该节点的控制柄，拖动某个控制柄可以改变与该节点相邻的某个边的形状，如图 4-37 所示。选中某个节点后，还可以通过属性栏设置该节点的属性（与用形状工具编辑曲线类似）。

2. 填充颜色

为网格填充颜色，可以直接将颜色从调色板拖动到对象中某个方格内，或者先在该方格中单击，然后单击调色板上的颜色块，如图 4-38 中的 A 点。

如果要为某个交叉节点设置颜色，可以直接将颜色从调色板拖动到该交叉节点，或者先选中该节点，然后单击调色板上的颜色块，如图 4-38 中的 B 点。

当然，也可以选取多个节点，然后单击调色板上的颜色块为它们填充颜色，例如，图 4-38 中的黑色节点就是手绘选中的节点，然后单击调色板上的黄色块得到的填充效果。

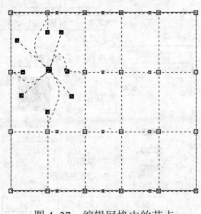

图 4-37　编辑网格中的节点

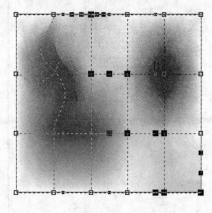

图 4-38　填充颜色

按住〈Ctrl〉键，单击调色板上的一种颜色，可以混合两种颜色。

从图 4-38 可以看出，节点的填充颜色会影响该节点周围的区域，影响范围的大小受该节点控制柄长短的控制。

4.4 曲线及对象轮廓编辑

图形对象的轮廓编辑包括修改对象轮廓的宽度、颜色，以及轮廓的样式等。

修改对象轮廓宽度可以直接在属性栏的"轮廓宽度"框  中设置。选中要改变轮廓宽度的对象，在"轮廓宽度"框中输入需要的宽度值回车，或在"轮廓宽度"下拉框中直接选择一个轮廓宽度，即可改变选中对象的轮廓宽度。

对象轮廓宽度也可以在图 4-39 所示的轮廓工具展开栏中设置，选择要修改轮廓宽度的对象，单击轮廓工具展开栏中相应的宽度按钮即可。

对于曲线对象除了上面所设置的属性外，还可以设置曲线的轮廓样式，起始箭头样式和终止箭头样式。这些参数分别在属性栏的对象轮廓样式选择器、起始箭头选择器和终止箭头选择器中设置。图 4-40 为设置后的效果。

图 4-39　轮廓工具展开栏　　　　　　　　　图 4-40　设置曲线的轮廓属性

设置轮廓的颜色，可以直接选中需要设置的对象，用鼠标右键单击调色板上的颜色块。

轮廓属性也可以通过图 4-41 所示的"对象属性"泊坞窗或图 4-42 所示的"轮廓笔"对话框进行设置。"轮廓笔"对话框可以通过单击"对象属性"泊坞窗中的"高级"按钮，或单击轮廓工具展开栏中的"轮廓画笔对话框"按钮而调出。

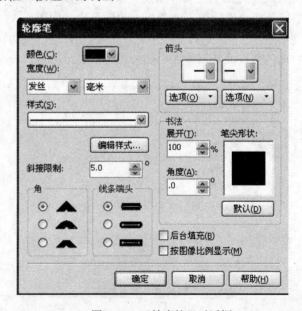

图 4-41　对象属性泊坞窗　　　　　　　　　图 4-42　"轮廓笔"对话框

4.5 滴管工具和颜料桶工具

使用滴管工具和颜料桶工具可以方便地将一个对象上的各种属性复制到另一个对象上。方法是使用滴管工具从对象上选择属性，然后使用颜料桶工具将所选择的属性应用到其他对象上。滴管工具和颜料桶工具在同一个工具展开栏中。

4.5.1 颜色的采集与应用

使用滴管工具可以在绘图页面采集颜色或在桌面上采集颜色。

选择工具箱中的滴管工具 🖊️，在图4-43所示属性栏的最左端下拉框中选择"示例颜色"，单击"样本大小"选择一种示例尺寸。其中1×1表示要选取单击点的像素颜色。2×2表示将选取2×2像素示例区域中的平均颜色。5×5表示将选取5×5像素示例区域中的平均颜色。

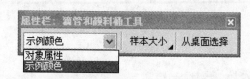

图4-43　滴管和颜料桶工具属性栏

如果要在绘图窗口外部取样颜色，比如要获取菜单处、属性栏或泊坞窗等部分的颜色，单击属性栏上的"从桌面选择"按钮。

设置好以上参数后，在要获取颜色的位置单击，即可获取该处的颜色。

如果要将取样的颜色应用于一个对象，单击滴管工具展开栏中的"颜料桶"工具 🪣，然后在绘图窗口中单击该对象。如果鼠标在对象内部，鼠标变成 ⬛ 形状，此时单击，是将该对象填充为滴管获取的颜色，如果鼠标在对象的轮廓上，鼠标变成 ⬜ 形状，此时单击，是将该对象的轮廓设置为滴管获取的颜色。

技巧：按下〈Shift〉键可以在滴管工具和颜料桶工具之间切换。

4.5.2 对象属性的采集与复制

使用滴管工具可以一次采集图形对象的多种属性。

选择工具箱中的滴管工具 🖊️，在图4-44所示属性栏的最左端下拉框中选择"对象属性"，这时属性栏出现三个按钮：属性、变换和效果。单击"属性"按钮，在弹出的选项面板中选择需要采集的属性（包括轮廓、填充和文本）。同样单击"变换"按钮，在弹出的选项面板中选择需要采集的变换（包括大小、旋转和位置）。单击"效果"按钮，在弹出的效果选项面板中选择需要采集的特殊效果（这些效果将在后面的章节中介绍，包括透视、调和、立体化等效果）。

设置好需要采集的属性后，在采集对象上单击，则该对象相应的属性被采集。选择"颜料桶"工具 🪣，在其他对

图4-44　采集对象的属性

象上单击，则上面滴管工具所采集的属性被应用到该对象上。

例如，选择滴管工具，在属性栏的"属性"面板中选择轮廓和填充，在"变换"面板中选择旋转。在图 4-45 左边的图形上单击，然后选择颜料桶工具，单击图 4-45 中间的矩形，该矩形变成图 4-45 右边所示的矩形。

图 4-45　使用滴管和颜料桶工具复制对象属性

4.6　习题

1. 选择题（可以多选）

（1）CorelDRAW 的渐变填充的渐变包括_____。

　　A. 线性　　　　　B. 辐射　　　　　C. 锥形　　　　　D. 方形 圆锥 射线

（2）对选定的对象进行轮廓填色，下列正确的是_____。

　　A. 按鼠标右键选中调色板中的颜色

　　B. 按鼠标左键选中调色板中的颜色

　　C. 双击鼠标右键选中调色板中的颜色

　　D. 双击鼠标左键选中调色板中的颜色

（3）在使用调色板调色时，用鼠标_____可以为对象填色，使用鼠标_____可以为对象轮廓填色。

　　A. 左键　　　　　B. 右键

（4）在 CorelDRAW X3 的交互式网状填充中，如下操作可以做到的是_____。

　　A. 设置网格线的行数和列数　　　B. 修改某个网格内部色彩

　　C. 添加交叉点　　　　　　　　　D. 删除交叉点

（5）在 CorelDRAW X3 的工具箱中，吸管工具和颜料桶工具可以用_____键来切换。

　　A. Ctrl　　　　　B. Shift　　　　　C. Alt　　　　　D. Shift+Ctrl

（6）在 CorelDRAW 中，将边框色设为"无"的意思是_____。

　　A. 删除边框　　　B. 边框透明　　　C. 边框为纸色　　　D. 边框宽度为 0

（7）"交互式"填充展开工具栏允许使用的工具有_____。

　　A. 交互式填充工具　　　　　　　B. 填充颜色

　　C. 图样填充　　　　　　　　　　D. 交互式网状填充

（8）在自定义渐变填充中，如果要添加中间色，应该是_____。

　　A. 选择添加颜色　　　　　　　　B. 在颜色条上双击鼠标

　　C. 单击调色板上的一种颜色　　　D. 无法添加中间色

（9）在网状填充中，以下关于手动圈选多个节点的说法正确的是_____。

    A．不可以圈选多个节点

    B．可以圈选多个节点

    C．手动圈选的区域节点将变为黑色

    D．对圈选好的节点，选择某一颜色，这一区域将变为同一颜色

（10）在将填充复制到另一对象时，下列操作正确的是_____。

    A．打开滴管展开工具栏，然后单击滴管工具

    B．在属性栏上选择填充类型

    C．单击要复制其填充的对象，并打开滴管展开工具栏选择颜料桶工具

    D．单击要应用填充的对象，滴管选择的颜色即可复制到新对象上

（11）若要移除对象的轮廓，可_____。

    A．选定对象后，打开轮廓工具展开栏，单击无轮廓

    B．选定对象后，鼠标右键点击调色板上的无色

    C．选定对象后，按〈Delete〉键

    D．在轮廓图工具中选择无轮廓

2．填空题

（1）要填充非封闭图形，需要在_____对话框中进行设置。

（2）如果要使用调色板中两种颜色的混合色均匀填充图形对象，可以先用一种颜色均匀填充对象，再按下_____键，单击另一种颜色块，则就会在原来颜色填充的基础上加入部分新的颜色分量。

（3）"渐变填充"对话框中"颜色调和"有两种，其中_____可以实现两种颜色的渐变填充，_____可以实现多种颜色的渐变填充。

（4）图样填充是指使用一系列重复的矢量对象或图像进行的填充，图样填充有_____、_____和_____三种。

（5）使用滴管工具和颜料桶工具，既可以复制颜色，也可以复制对象的_____。

第5章 交互式工具

使用交互式工具可以为图形对象添加很多特殊效果。本章介绍交互式工具中的各个工具的功能和使用方法，这些工具包括交互式调和工具、交互式轮廓工具、交互式变形工具、交互式阴影工具、交互式封套工具、交互式立体化工具和交互式透明工具。

5.1 交互式调和工具

调和是通过形状和颜色的渐变使一个对象变换成另一对象而创建的一种效果。使用调和功能可以在矢量图形对象之间产生形状、颜色、轮廓及尺寸上的平滑变化。

5.1.1 创建调和

使用交互式调和工具可以快捷地创建调和效果。首先画出用于制作调和效果的两个对象，例如，填充为红色的五星和填充为绿色的三角形，然后打开"交互式工具"展开工具栏
![toolbar]，单击"交互式调和"工具 ![icon]。选择红色的五星（调和的起始对象），拖放到绿色的三角形（调和的结束对象）上释放鼠标，即在红色五星与绿色三角形之间创建了调和效果，如图 5-1 所示。

图 5-1　调和效果

要取消调和效果，可以单击属性栏上的"清除调和"按钮 ![icon]。

注意： 在两个对象间建立调和效果时，顺序排在相对后面的对象是起始对象，顺序排在相对前面的对象是结束对象。在上面的例子中，即使先选中三角形，再拖放到五星上，五星仍然是起始对象，三角形仍然是结束对象。

创建调和效果后，可以利用属性栏设置调和的各种属性。

5.1.2 设置调和效果的属性

设置调和属性主要包括：调和的步数、调和角度、调和方式、调和加速等。

1. 设置调和步数

所谓调和步数，就是在调和起始对象和调和结束对象之间有多少个过渡对象，例如，图

5-1 中所设置的调和步数是 5。可以通过属性栏的"步长或调和形状之间的偏移量"按钮
![按钮图标]8 设置调和步数。

2. 设置调和角度

通过设置调和角度，可以使调和起始对象与结束对象之间的过渡对象产生一个逐渐旋转的效果。可以通过属性栏的"调和方向"按钮 ![按钮]90.0 ° 设置调和角度。图 5-2 左面的图就是将调和方向设置为 90°的效果。图中红五星是调和的起始对象，绿三角形是调和的结束对象，起始对象保持不动，想像结束对象旋转 90°（实际并没有旋转），中间的过渡对象产生一个逐渐旋转的效果。

当调和角度不为 0 时，还可以使调和对象产生环绕的效果，如图 5-2 右面的图形，可以通过"调和方向"按钮后面的"环绕调和"按钮 ![按钮] 设置环绕调和效果。

图 5-2　设置调和角度

3. 设置调和方式

调和方式有直接调和、顺时针调和和逆时针调和三种，可以通过属性栏的按钮 ![按钮] 分别设置。调和方式用于控制调和的颜色过渡，直接调和的颜色过渡只与起始对象颜色和结束对象的颜色有关，中间对象的颜色是在两者颜色间的渐变。对于顺时针调和与逆时针调和，可以将红、绿、蓝作为三种基本颜色，将红色放在时钟 12 点的位置，绿色放在 8 点的位置，蓝色放在 4 点的位置，其他时间位置则是两种颜色的渐变结果。这样，当调和的起始对象颜色和结束对象颜色确定后，中间过渡对象的颜色就分别是从起始对象颜色顺时针或逆时针过渡到结束对象的颜色。

4. 调和加速

上面所建立的调和效果，过渡对象之间的形状、颜色、轮廓及尺寸上的变化是匀速的（即均匀改变）。可以使用调和加速方法改变这种匀速的变化。图 5-3 中左边的图形就是进行调和加速后的效果，图中表示调和虚线的两端各有一个白色小方块，拖动它们可以改变起始对象或结束对象的位置，拖动中间的两个小三角形即可以改变调和的变化速度，其中一个三角形用于形状加速，另一个三角形用于颜色加速。默认情况下，拖动时，两个三角形会同步滑动，要想使形状加速与颜色加速不同步，可以在一个小三角形上双击鼠标，将两个三角形分开，这时就可以分别对形状和颜色加速。

改变调和加速还可以使用属性栏的"对象和颜色加速"按钮 ![按钮] 来完成，单击该按钮出现"对象和颜色加速"对话框，如图 5-3 中右面的图形。当"对象和颜色加速"对话框右面的锁定按钮被按下时，对象与颜色同步加速，在其上单击一下使其抬起，实现对象与颜色不同步加速。

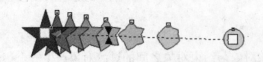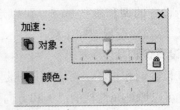

图 5-3　调和加速

对象加速后，过渡对象向加速的方向靠拢，但每个对象都保持原来的大小不变。要想使对象大小的变化也同时加速，可以单击属性栏的"加速时大小调整"按钮 ，该按钮是一个开关按钮，如果目前是大小不调整的状态，单击一下是大小调整的状态，再单击一下又成为大小不调整的状态。

5.1.3　沿路径调和

1．沿路径调和

沿路径调和是指将调和对象沿指定的路径分布，可以通过属性栏中的"路径属性"按钮进行设置。

方法是先任意绘制一条路径，再选择已经创建好的调和对象，单击属性栏上的"路径属性"按钮，出现"路径属性"下拉菜单，选择"新路径"菜单项，这时光标变成弯曲的粗箭头形状，在刚才绘制的路径上单击，调和对象即依附在路径上。图 5-4 左边的图形分别是调和对象和绘制的路径，中间的图形就是沿路径调和后的效果。

此时的调和对象并没有分布在整个路径上，为了使其沿整个路径分布，可以单击属性栏中的"杂项调和选项"按钮，出现"杂项调和选项"下拉菜单，选择"沿全路径调和"菜单项，这时调和对象就分布在整个路径上，如图 5-4 右图所示。

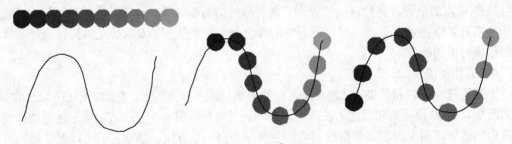

图 5-4　沿路径调和

2．调和对象从路径分离

沿路径调和后，如果想取消沿路径调和，还可以将调和对象从路径分离出来。方法是先选中调和对象，再单击属性栏中的"路径属性"按钮，在下拉菜单中选择"从路径分离"菜单项，这时调和对象已经不再沿路径分布了，并且调和对象与路径分解为两个独立的对象。图 5-5 是调和对象从路径分离后的情况。

3．拆分调和对象与路径

将调和对象从路径分离后，调和对象就不再沿路径分布了。如果需要将调和对象与路径分离，但保持调和对象沿路径的分布，可以通过拆分调和对象与路径的方法实现。方法是先选择调和对象，然后选择"排列"→"拆分路径群组上的混合"菜单项。也可以在选择调和对象后，单击鼠标右键，在快捷菜单中选择"拆分路径群组上的混合"菜单项实现拆分。效果如图 5-6 所示，为了清楚起见，图中将拆分后的路径向下移动了一点。

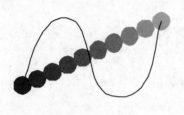 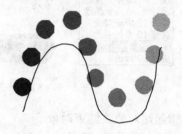

图 5-5　调和对象从路径分离　　　　图 5-6　拆分调和对象与路径

5.1.4　复合调和

复合调和是将一个调和中的起始对象或结束对象与另一个对象进行调和而创建的一种调和。方法是首先在两个对象之间创建调和，再选择交互式调和工具，在第三个对象上按下鼠标，拖动到调和对象的起始点或结束点，松开鼠标完成复合调和的创建。当然，也可以在调和对象的起点或终点按下鼠标拖动到第三个对象上，松开鼠标。效果如图 5-7 所示。

图 5-7　复合调和效果

5.1.5　预设调和

在 CorelDRAW 中，已经预先设置了一些调和方案，如图 5-8 左图所示。如果我们需要的调和效果恰好与某个预设方案一致，则可以将这个预设调和方案直接应用于调和对象，从而减少设置调和属性的工作。例如，在图 5-8 中，先在圆形与五星间建立调和，然后在属性栏的"预设"下拉框中选择"直接 10 步长"，得到图 5-8 右上图的效果，如果选择"逆时针 20 步减速"，则得到图 5-8 右下图的效果。

5.1.6　编辑调和起始对象或结束对象

在两个图形对象间建立调和效果后，仍然可以对调和的起始对象和结束对象进行编辑，还可以更换调和的起始对象或结束对象。

图 5-8　使用预设调和

1．编辑起始对象或结束对象

在使用交互式调和工具时，如果选中调和对象，会有一个表示调和的虚线，在虚线的两端各有一个白色小方块，拖动它们可以改变起始对象或结束对象的位置，如图 5-3 所示。

也可以使用挑选工具，选中调和的起始对象或结束对象，改变其位置、大小和颜色等，还可以使用形状工具修改其形状。

2．更换起始对象或结束对象

不仅可以对起始对象或结束对象进行各种编辑，还可以更换起始对象或结束对象。方法是选择调和对象，单击属性栏中的"起始和结束对象属性"按钮，在下拉菜单中选择"新起点"或"新终点"菜单项，鼠标变成▶或◀形状，在另一个对象上单击，则这个对象成为调和的起始对象或结束对象，原来的起始对象或结束对象变成独立的对象。

注意：调和起始对象的排列顺序一定在调和结束对象之后，否则不能更换。因此，当需要更换调和的起始对象时，一定将要成为新起点的对象排在原来结束对象之后，同样，当需要更换调和的结束对象时，也要保证将要成为新终点的对象排列在原来起始对象之前。

5.1.7　拆分调和对象

拆分调和是指将一个调和图形分成两段的调和效果。拆分后可以对拆分点的对象进行各种编辑，从而增加图形的变化效果。

在调和的某个过渡对象上双击，即可以将调和对象拆分成两段调和对象。例如，图 5-9 中

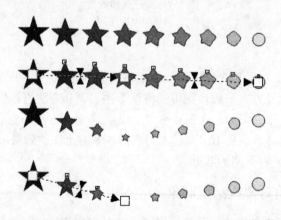

图 5-9　拆分调和对象

最上面一行是已经建立好的调和对象，先选择交互式调和工具，然后双击左起第四个对象，此时调和对象被分成两段，如图 5-9 中的第二行。第四个对象既是前段调和的结束对象，也是后段调和的起始对象。使用挑选工具选择这个对象，改变其大小和颜色，对两段调和都产生影响，如图 5-9 中的第三行。

要想编辑其中的一段调和，可以按下〈Ctrl〉键，单击该段调和上的过渡对象，如在图 5-9 中第三行左起的第二个或第三个对象上单击，即可选中该段调和对象，如图 5-9 中的最后一行，然后可以对这一段调和对象设置调和的各种属性，如步长、加速等。

拆分调和对象还可以通过属性栏的"杂项调和选项"按钮 实现。方法是先选中调和对象，再单击"杂项调和选项"按钮，在下拉菜单中选择"拆分"菜单项，鼠标变成 形状，在拆分点处的对象上单击。

调和的最大步数是 999，如果 999 步调和仍然不能满足要求，就可以将调和对象拆分成若干段，将每段的调和步数加大，以获取满意的效果。

5.1.8 实例

1. 制作蜡烛

制作一个在黑色背景中点燃的蜡烛，主要练习使用交互式调和工具制作烛光效果。主要步骤如下：

1）使用椭圆工具画一个椭圆，单击属性栏中的"转换为曲线按钮"将其转化为曲线，使用形状工具将其调整为烛光的形状，如图 5-10a 所示。

2）再画一个椭圆，同样将其转化为曲线，使用形状工具调整其形状，然后再缩小复制两个同样的形状，排在合适的位置，如图 5-10b 所示。

3）将三个图形分别填充为黑色、浅橘红色和黄色，去除轮廓，如图 5-10c 所示。

4）先使用交互式调和工具在浅橘红色与黑色图形间建立调和，调整调和步数及调和加速到合适的位置，然后再与黄色图形建立复合调和效果，同样，调整调和步数及调和加速，如图 5-10d 所示。

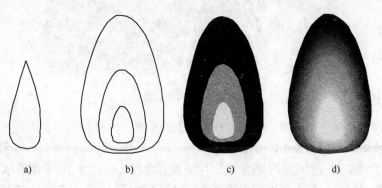

a)　　　　　　b)　　　　　　c)　　　　　　d)

图 5-10　制作烛光效果

5）使用矩形工具画一个矩形，填充为黑色，并放在图层最后面。将图 5-10a 放在图层的最前面，并填充为白色，去除轮廓。然后将它们排列再一起，如图 5-11 所示。

6）使用手绘工具画出蜡芯（设置手绘平滑为 0，轮廓宽度为 2mm），放在烛光的下面。

7）使用矩形工具画一个矩形，将其转换为曲线，进行灰色到浅黄色的渐变填充。使用形状工具调整矩形的上端和下端，最终效果如图 5-12 所示。

图 5-11　将图形排放在一起

图 5-12　制作蜡烛和蜡芯

2．制作烟花

制作一个图 5-13 所示的烟花，本实例主要运用两次调和技术实现烟花的效果。主要步骤如下：

图 5-13　烟花效果

1）用椭圆工具画一个小圆，填充为红色，去除轮廓，再复制一个。然后在两个圆之间建立顺时针 40 步调和，如图 5-14 上图所示。

2）使用手绘工具随意绘制一条曲线，作为调和路径，如图 5-14 下图所示。

3）选择调和对象，单击属性栏上的"路径属性"按钮，在下拉菜单中选择"新路径"菜单项，单击上面绘制的调和路径。然后单击属性栏上的"杂项调和选项"按钮，在下拉菜单中选择"沿全路径调和"，这时小圆形均匀分布在调和路径上，可以再将调和步数增大一些，如图 5-15 所示。

图 5-14　两个小圆的调和效果及调和路径

图 5-15　沿路径调和

4）选择调和对象，选择"排列"菜单中的"拆分路径群组上的混合"菜单项，将调和对象与路径分离，然后删除路径曲线，如图 5-16 所示。

图 5-16　删除路径曲线

5）将上述对象复制并缩小，将缩小的对象填充为黑色，排列在图层的后面。再使用交互式调和工具在这两组对象间创建调和效果，如图5-17所示。

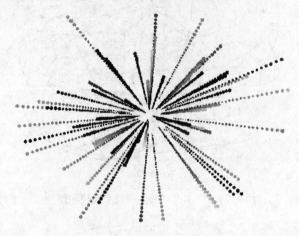

图5-17　两组对象间的调和

6）用贝塞尔工具画一段曲线，如图5-18左面所示。将上面的调和对象沿这个曲线全路径分布，适当增加调和步数，并调整对象加速及颜色加速，得到图5-18右面的效果。

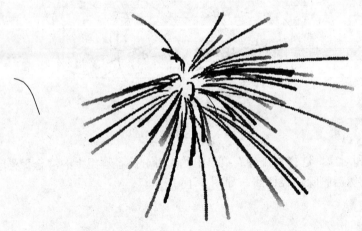

图5-18　调和对象沿曲线路径分布

7）使用挑选工具选中路径曲线，设置为无轮廓。绘制一个黑色的背景，将上面得到的调和对象放在黑色矩形的上面，效果如图5-13所示。

5.2　交互式轮廓工具

使用交互式轮廓工具可以给图形对象添加同心轮廓线，从而为对象增添丰富的轮廓效果。这些轮廓线的方向可以向外放射，也可以向对象的中心放射，还可以直接放射到图形中心，如图5-19所示。

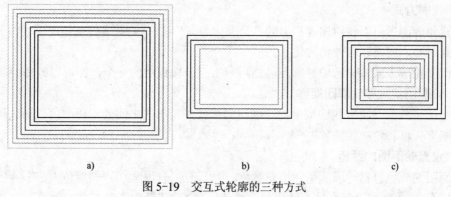

图 5-19　交互式轮廓的三种方式

a) 向外放射　b) 向内放射　c) 向中心放射

5.2.1　创建轮廓效果

要创建轮廓效果，可以使用工具箱中的交互式轮廓工具 ▣，方法是先选中要创建轮廓效果的图形对象，然后选择工具箱中的交互式轮廓工具，在图形对象上按下鼠标向内或向外拖动，到合适的位置松开，如图 5-20 所示。

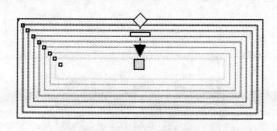

图 5-20　拖动鼠标创建轮廓效果

如果向外拖动鼠标，则创建的是向外放射的轮廓效果；如果向内拖动鼠标，则创建的是向内放射的轮廓效果。在拖动鼠标时会看到一个表示轮廓起始位置和结束位置的方向线（见图 5-20），方向线的始端和末端分别有一个小菱形和一个小正方形，称之为交互式矢量手柄。当方向线末端的小方块位于图形中心时，松开鼠标，则创建的是向中心放射的轮廓效果。

要取消轮廓图效果，可以单击属性栏上的"清除轮廓"按钮 ▣ 。

5.2.2　设置轮廓图参数

轮廓图创建之后，可以在属性栏（见图 5-21）中设置轮廓图的各种参数，包括交互式轮廓方式、步长、偏移量、轮廓颜色、填充颜色及颜色加速等。

图 5-21　交互式轮廓工具属性栏

1．轮廓方式

创建轮廓图后可以使用属性栏上的"轮廓化方向"按钮 ▣▣▣ 改变轮廓方式，三个按钮分别是到中心、向内和向外轮廓化。

要改变轮廓方式，先选中轮廓图，然后单击三个按钮中的一个，即可以改变轮廓方式。

2．轮廓图步数和轮廓图偏移

轮廓图步数就是轮廓线的数量，轮廓图偏移就是轮廓线之间的距离，可以通过属性栏上的轮廓图步长框和轮廓图偏移框 ▣ 8 ▢ ▣ 7.744 mm ▢ 设置。

3．设置轮廓图的颜色

轮廓图的颜色包括轮廓颜色和填充颜色，可以通过属性栏上的"轮廓色"按钮 ▣■▾ 、"填充色"按钮 ▣■▾ 和"渐变填充结束色"按钮 ▢▾ 设置轮廓图各部分的颜色。

注意：轮廓图的轮廓色与原图形的轮廓色是两个不同的概念。轮廓图的轮廓色是指距原图形轮廓最远的那个轮廓线的颜色。如图 5-22 中的轮廓图，最外面的大矩形轮廓是黑色的(原图形的轮廓色)，最内层的小矩形轮廓线是红色的（轮廓图的轮廓色），而中间那些轮廓线的轮廓色是这二者颜色的渐变，渐变方式有三种，即线性轮廓图颜色、逆时针轮廓图颜色和顺时针轮廓图颜色，可通过属性栏的"颜色渐变方式"按钮 ▣▣▣ 进行设置，这里的逆时针和顺时针的概念与调和一样。

图 5-22　设置轮廓图的颜色

同样也要区分轮廓图的填充色与原图形的填充色，各种设置与轮廓颜色的设置相同。其中只有原图形是渐变填充时，"渐变填充结束色"按钮 ▢▾ 才有效，即只有原图形是渐变填充时，才允许轮廓图渐变填充。

另外还要注意，只有原图形有轮廓色或填充色时，才能看见轮廓图的轮廓色或填充塞。

除了使用属性栏设置轮廓图的轮廓色和填充色，还可以直接将调色板中的颜色块拖动到轮廓图方向线上的交互式矢量手柄中，其中方向线始端的小菱形是轮廓图的轮廓色，末端小正方形是填充色。

4．对象和颜色加速

与交互式调和效果一样，交互式轮廓效果也可以实施对象和颜色加速，与调和效果中的概念类似。单击属性栏上的"对象和颜色加速"按钮，出现"对象和颜色加速"对话框，在该对话框中设置对象加速和颜色加速。

5.2.3 预设轮廓

与交互式调和一样，CoreLDRAW 也预先设置了一些轮廓效果方案。如果我们需要的轮廓效果恰好与某个预设方案一致，则可以将这个预设轮廓方案直接应用于轮廓图对象。方法是先选中欲建立轮廓图的对象（或已经建立好的轮廓图），然后选择工具箱中的交互式轮廓工具，在属性栏的"预设轮廓"下拉框 预设...▾ 中选择需要的轮廓效果。

5.2.4 实例

使用交互式轮廓工具制作具有立体效果的枫叶。主要步骤如下：

1）使用贝塞尔工具和形状工具绘制枫叶的形状，如图 5-23 所示。由于枫叶的形状是对称的，可以先画出枫叶的左半边，然后使用复制、水平镜像和焊接技术得到完整的枫叶。

2）将枫叶填充为橘红色，去除轮廓。

3）使用交互式轮廓工具添加到中心的轮廓效果，轮廓图的填充颜色设置为黄色，使用线性轮廓图颜色渐变、轮廓图偏移值要小一些，最终效果如图 5-24 所示。

图 5-23　绘制枫叶的轮廓　　　　图 5-24　添加轮廓图效果

4）可以改变原图的填充色和轮廓图的填充色，得到不同颜色的枫叶效果。

5.3　交互式变形工具

使用交互式变形工具可以对对象进行多种变形。变形是指不规则的快速改变对象的外观，使对象外观发生变形，从而形成一些比较特殊的效果。变形只是在原图的基础上做变形处理，并未增加新的图形对象。交互式变形分为推拉变形、拉链变形和扭曲变形三种。

5.3.1 推拉变形

1. 创建推拉变形

通过鼠标左右推拉来实现推拉变形的效果。首先选择要进行变形的对象，再选择工具箱中的交互式变形工具 ，单击属性栏中的"推拉变形"按钮 ，然后在页面上按下鼠标向左或向右拖动，到合适的位置松开鼠标，如图 5-25 所示。

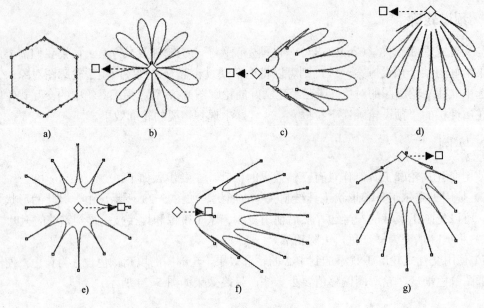

a) b) c) d)

e) f) g)

图 5-25　推拉变形

其中图 5-25a 是用多边形工具绘制的正六边形，通过形状工具可以看到正六边形共有 12 个节点。图 5-25b、c、d 是鼠标向左拖动的变形效果，图 5-25e、f、g 是鼠标向右拖动的变形效果。表示变形方向线末端的小菱形是变形中心（鼠标按下的位置就是变形中心），方向线的长短表示变形幅度。

在图 5-25b、c、d 中，六边形的节点在变形过程中向变形中心方向移动，而在图 5-25e、f、g 中，六边形的节点在变形过程中向远离变形中心的方向移动。

图 5-25b 和图 5-25e 的变形中心恰好是六边形的中心，图 5-25c 和图 5-25f 的变形中心位于六边形左边之外，图 5-25d 和图 5-25g 的变形中心位于六边形上方的端点处。

2. 设置推拉变形的参数

创建对象的推拉变形效果后，可以通过图 5-26 所示的属性栏设置变形的参数。

图 5-26　推拉变形属性栏

变形方式按钮 ⬛⬛⬛ 用于设置变形方式，选择变形对象后单击其中的一个按钮，变形对象即转变为该种变形，其中第一个按钮是推拉变形，第二个按钮是拉链变形，第三个按钮是扭曲变形。

"添加新的变形"按钮 ⬛ 可以在已有变形的基础上，为对象添加新的变形。

在"推拉失真振幅"数值框 ⬛71⬛ 中可以输入推拉变形的变形幅度。

单击"中心变形"按钮 ⬛ ，将以对象的中心作为变形中心。

单击"清除变形"按钮 ⬛ ，取消对象上的变形效果。

5.3.2　拉链变形

拉链变形可以使变形对象的边缘产生锯齿形状的效果，操作方法与推拉变形类似。拉链变形的属性栏如图 5-27 所示。

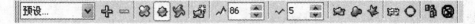

图 5-27　拉链变形属性栏

与推拉变形属性栏相比，拉链变形属性栏还有一个"拉链失真频率"数值框，用于设置变形的频率，而推拉变形的变形频率是由原图的节点数控制的。拉链变形属性栏上还有三个按钮 ，用于设置拉链变形的三种效果，分别是随机变形、平滑变形和局部变形，效果如图 5-28 所示。

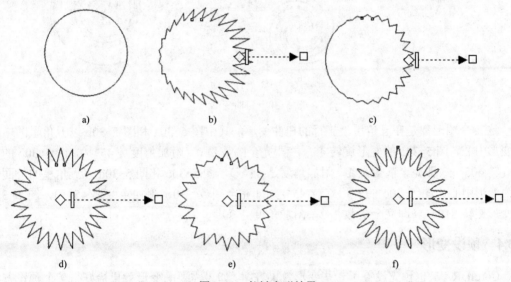

图 5-28　拉链变形效果

其中图 5-28a 是用椭圆工具绘制的圆形，图 5-28b 是在圆形的右边界向外拖动鼠标形成的变形效果，图 5-28c 是在图 5-28b 的基础上，单击属性栏上的"局部变形"按钮得到的效果，发现远离变形中心的地方已经没有变形了。图 5-28d 是以圆心为变形中心的变形效果，图 5-28e 是在图 5-28d 的基础上，单击属性栏上的"随机变形"按钮得到的效果，这时拉链变形的失真幅度变为随机。图 5-28f 是在图 5-28d 的基础上，单击属性栏上的"平滑变形"按钮得到的效果，这时锯齿变得平滑。

5.3.3　扭曲变形

扭曲变形是指变形对象围绕自身旋转，形成螺旋效果。创建扭曲变形的方法是，在工具箱中选择变形工具后，单击属性栏中的"扭曲变形"按钮，再选中要变形的对象，在页面上某点（即可以是变形对象内部，也可以在变形对象外部，该点即为变形中心）按下鼠标，拖动鼠标围绕变形中心旋转，到合适的位置松开鼠标。

创建扭曲变形后，可利用扭曲变形属性栏（见图 5-29）设置变形的参数。

图 5-29　扭曲变形属性栏

扭曲变形属性栏中有两个按钮和两个数值框是前两个变形所没有的，即"逆时针旋转"按钮、"顺时针旋转"按钮、"完全旋转"数值框和"附加角度"数值框 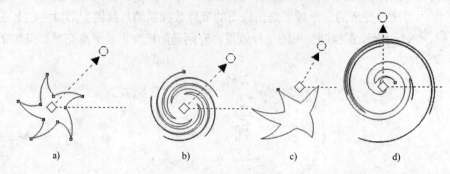。

其中"逆时针旋转"按钮和"顺时针旋转"按钮用于控制扭曲变形的旋转方向，"完全旋转"数值框表示扭曲变形旋转的完整圈数，范围是 0～9。"附加角度"数值框表示不足整圈的旋转角度，范围是 0～360°。图 5-30 是几种扭曲变形的结果。

图 5-30　扭曲变形

这 4 个图形都是在五角星上施行的扭曲变形，其中图 5-30a 和图 5-30b 以五角星的中心为变形中心，图 5-30a 的变形旋转 45°（即完全圈数是 0，附加角度是 45°），图 5-30b 的变形旋转 405°（即完全圈数是 1，附加角度是 45°）。图 5-30c 和图 5-30d 以五角星的外面一点为变形中心，图 5-30c 的变形旋转 45°（即完全圈数是 0，附加角度是 45°），图 5-30d 的变形旋转 810°（即完全圈数是 2，附加角度是 90°）。

5.3.4　预设变形

CorelDRAW 也预先设置了一些变形效果方案。如果需要的变形效果恰好与某个预设方案一致，则可以将这个预设变形方案直接应用于变形对象。方法是先选中欲建立变形效果的对象（或已经建立好的变形对象），然后选择工具箱中的交互式变形工具，在属性栏的预设变形下拉框 预设... 中选择需要的变形效果。

5.3.5　实例

绘制花朵，本例主要使用交互式变形工具绘制各种花朵和叶子，最终效果如图 5-31 所示。

图 5-31　最终效果

操作步骤如下：

1）用椭圆工具在绘图页面上绘制一个圆形。单击属性栏中的"转换为曲线" 按钮 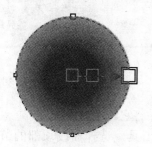，将圆形转换为曲线状态。然后将这个圆形再复制一个，以备后用。

2）使用交互式填充工具为原来的圆形施行射线渐变填充，并去除轮廓，如图5-32所示。其中中间位置的两个颜色控制滑块为洋红色，外面的颜色控制滑块为白色。

3）为图形添加变形效果。选择交互式变形工具，在属性栏中单击"拉链变形"按钮，将拉链失真振幅和拉链失真频率分别设为17和4，再单击"平滑变形"按钮，如图5-33所示。

4）制作同心花瓣。用挑选工具选中变形后的图形，按下〈Shift〉键，向对象中心拖动任一个角控点到合适的位置，单击鼠标右键，复制一个图形，将复制后的图形稍微旋转一下。重复这个过程，多次复制并旋转，得到如图5-34所示的结果。

图5-32　施行渐变填充　　　　图5-33　施行拉链变形　　　图5-34　制作同心花瓣

5）对另一个备用圆形施行变形。选中备用的圆形，选择交互式变形工具，在属性栏上单击"拉链变形"按钮，单击"随机变形"按钮，将拉链失真振幅和拉链失真频率分别设为30和5。

然后单击"添加新的变形" 按钮，在拉链变形的基础上再实施推拉变形，将推拉失真振幅设置为-30，如图5-35所示。

6）将圆形的变形效果复制到花瓣对象上。使用挑选工具，框选图5-34所示的花瓣造形中的所有对象。先复制一个放在一边，以备后用。然后再框选花瓣造形中的所有对象，选择交互式变形工具，单击属性栏中的"复制变形属性"按钮，鼠标指针变成粗箭头形，单击图5-35所示的图形，将图5-35的图形变形效果复制到每个被选择的花瓣对象上，效果如图5-36所示。

图5-35　另一个圆形的变形效果　　　　　　图5-36　为花瓣复制变形效果

7）制作另一种花朵。使用交互式变形工具，选择变形后的圆形，单击属性栏中的"清除变形"按钮两次，清除对象上的变形效果，使其又成为圆形。然后为其施行推拉变形，将推拉失真振幅设置为 5，再单击"添加新的变形" 按钮 ，选择拉链变形，单击"随机变形"和"平滑变形"按钮，将振幅设为 100，频率设为 20，如图 5-37 所示。

8）使用挑选工具框选上面备用的花瓣对象，打开"渐变填充"对话框，改变花瓣的渐变颜色，图 5-38 是对话框中需修改数据的部分，其中左侧的两个位置的颜色为红色，右侧两个位置的颜色为黄色。

9）将图 5-37 的变形效果复制到花瓣对象上，方法与步骤 6）相同，得到另一种类型的花朵，如图 5-39 所示。

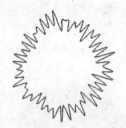 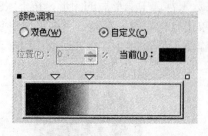 

图 5-37　圆形的变形效果　　　　图 5-38　改变花瓣的填充颜色　　　图 5-39　为花瓣复制变形效果

10）制作绿叶。使用椭圆工具绘制一个细长的椭圆形，并将它转换为曲线。

下面将曲线上半段的两条曲线转换为直线。使用形状工具，选择曲线顶部的节点和右侧的节点（按下〈Shift〉键，可选择多个节点，如图 5-40a 所示，然后单击属性栏中的"转换曲线为直线"按钮 ，将这两个节点连接的左边曲线转换为直线，如图 5-40b 所示。

选择交互式填充工具为其进行线性渐变填充，对象底部使用深绿色，对象顶部使用一种较浅的绿色。去除对象的轮廓颜色，如图 5-40c 所示。

为对象施行拉链变形，形成各种各样的叶子，如图 5-40d～图 5-40f 所示。在使用拉链变形时，可以将变形中心设在图形对象的上半部，这样绝大部分锯齿都会向上。图 5-40f 的效果是应用两次拉链变形而得到的。

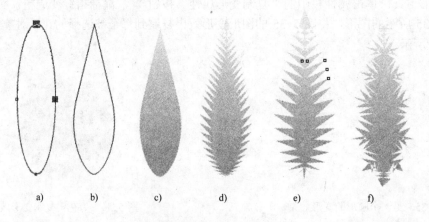

　　a)　　　　b)　　　　c)　　　　d)　　　　e)　　　　f)

图 5-40　制作叶子

11）将前面绘制的花朵和叶子进行复制，并进行改变大小、旋转等处理，然后组织在一起，得到图 5-31 所示的最终效果。

5.4 交互式阴影工具

阴影效果是指为对象添加投影，增加景深感，使对象具有真实外观的一种三维阴影效果。使用交互式阴影工具很容易创建和编辑对象的阴影效果。

5.4.1 创建阴影效果

使用 "交互式阴影工具" 为对象添加阴影效果的操作步骤如下：

在工具箱中选择"交互式阴影工具"，选中需要制作阴影效果的对象，在对象上面按下鼠标左键，然后往阴影投射方向拖动鼠标，此时会出现对象阴影的虚线轮廓框，到适当位置释放鼠标，即可完成阴影效果的创建，如图 5-41 所示。图中的五星图形的轮廓是 4mm，无填充。其中图 5-41a 是从对象中间按下鼠标向右上方拖动的效果，图 5-41b 是从对象底部按下鼠标向右上方拖动的效果。如果五星图形有填充，则填充部分也有阴影。

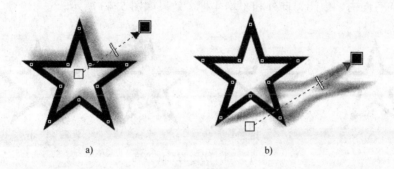

图 5-41　创建阴影效果

注意：已经应用了调和、立体化、轮廓化等效果的对象不能添加阴影效果，没有填充颜色且轮廓线非常细的对象，不能看到在其上添加阴影效果。

要取消阴影效果，可以单击属性栏上的"清除阴影"按钮 。

5.4.2 设置阴影的属性

为对象创建阴影效果后，可以对阴影的各种属性进行修改，包括阴影角度、阴影的不透明、阴影羽化、阴影羽化方向及阴影颜色等。修改阴影效果的属性可以使用交互式阴影工具的属性栏（图 5-42 所示）或直接在表示对象阴影的虚线（见图 5-41）上进行编辑。

图 5-42　交互式阴影工具属性栏

1．修改阴影角度

阴影角度是指阴影方向（也就是表示对象阴影虚线的方向）与 X 坐标轴之间的角度，可以在属性栏中的"阴影角度"框 42 中设置，也可以直接拖动表示对象阴影虚线末端的方块来实现。

2．修改阴影的不透明度

阴影的不透明度越大，阴影的颜色越浓，阴影的不透明度越小，阴影的颜色越淡。修改阴影的不透明度可以在属性栏的"阴影的不透明"框 66 中设置，也可以直接拖动表示对象阴影虚线中间的滑块来实现，该滑块越接近虚线末端，阴影的不透明度越大。

3．修改阴影的羽化效果

所谓羽化，是指沿阴影边缘的清晰程度，阴影羽化值越大，阴影边缘越不清晰，而阴影羽化值较小时，阴影的边缘则较清晰。

修改阴影的羽化效果可以在属性栏的"阴影羽化"框 12 中设置。

4．修改阴影的羽化方向

单击属性栏中的"阴影羽化方向"按钮 ，在弹出的对话框中选择阴影的羽化方向。阴影的羽化方向有向内、中间、向外和平均 4 种，效果如图 5-43 所示。

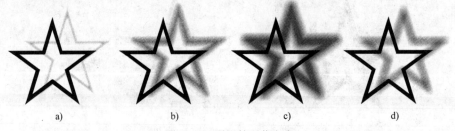

a)   b)   c)   d)

图 5-43　阴影的羽化方向

a) 向内　b) 中间　c) 向外　d)平均

5．修改阴影颜色

修改阴影的颜色可以单击属性栏中的"阴影颜色" 按钮，从中选择阴影颜色，也可以用鼠标从调色板中将颜色色块拖到表示对象阴影虚线末端的黑色方块中，方块的颜色则变为选定色，阴影的颜色也会随之改变为选定色。

6．透明度操作

透明度操作指定透明度的颜色如何与透明度后面对象的颜色合并。可以在属性栏的"透明度操作"下拉框 正常 中选择一种透明度合并模式。有关透明度合并模式的详细介绍，可以在 CorelDRAW 的帮助中查阅，用关键词"应用合并模式"搜索，即可以找到相关的说明。

5.4.3　分离阴影

阴影效果制作好后，还可以将其从原图中分离出来。方法是：先选择创建了阴影效果的对象，然后选择"排列"菜单中的"拆分阴影群组"菜单项，此时阴影从原对象中分离出来，变成独立的对象，以后可对其进行单独的处理。

5.4.4　预设阴影

CorelDRAW 预先设置了一些阴影方案。如果我们需要的阴影效果恰好与某个预设方案一致，则可以将这个预设阴影方案直接应用于对象。方法是先选中欲建立阴影效果的对象（或已经建立好的阴影对象），然后选择工具箱中的交互式阴影工具，在属性栏的预设列表 预设... 中选择需要的阴影效果。

5.4.5　实例

1．制作发光字体

本例利用交互式阴影工具为文字添加发光效果，如图 5-44 所示。

图 5-44　文字发光效果

操作步骤如下：

1）选择工具箱中的"文本工具" 字，输入文字"CorelDraw"，字体设置为黑体，并使用较大的字号，填充为黄色。

2）使用矩形工具画一个矩形，填充为黑色，作为文字的背景。然后将文字放在矩形上面。

3）使用交互式阴影工具为文字添加阴影效果。将阴影的不透明设置为 90，阴影羽化设置为 40，阴影羽化方向为"向外"，透明度操作为"正常"，阴影颜色设置为淡黄色。得到图 5-44 所示的效果。

4）改变文字的颜色及阴影的颜色，可以得到不同的发光效果。

2．制作彩色云朵

本例使用交互式阴影工具制作图 5-45 所示的彩云。

图 5-45　彩云的最终效果

制作步骤如下：

1）使用椭圆工具画一些椭圆并排列好，如图 5-46a 所示。

图 5-46 制作云朵形状

2）将这些椭圆焊接在一起填充为红色，去除轮廓，得到云朵形状。

3）使用交互式阴影工具为其添加阴影。为了能看清阴影效果，可以在其后面画一个矩形，填充为黑色。选择云朵图形，然后选择工具箱中的交互式阴影工具，在预设阴影下拉表中选择"中等辉光"，再将"阴影的不透明"设置为 70，"阴影羽化"为 30，"透明度操作"为正常。"阴影颜色"为白色，如图 5-47a 所示。

4）拆分阴影群组。选中带阴影的图形后，再选择"排列"菜单中的"拆分阴影群组"菜单项，然后将阴影排列在原图形的前面，并将阴影缩小一些，如图 5-47b 所示。

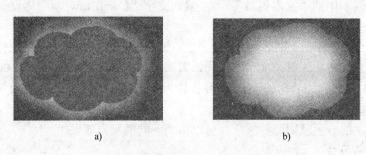

图 5-47 制作阴影并放在原图的前面

5）将原图与阴影群组，并复制一些，将原图填充为不同的颜色（按下〈Ctrl〉键，再单击群组中的对象，可以选择群组中的某个对象）。然后将这些不同颜色的云朵排列好。

6）用矩形工具画一个矩形，填充为蓝色。选择所有云朵对象，选择"效果"→"图框精确剪裁"→"放置在容器中"菜单项，然后单击蓝色的矩形，将这些云朵排好后放在矩形容器中，得到图 5-45 所示的图形。

5.5 交互式封套工具

封套可以放置在对象周围以改变对象的闭合形状。封套由节点相连的线段组成。一旦在对象周围放置了封套，就可以通过移动各节点来改变对象的形状。

5.5.1 创建封套效果

使用工具箱中的"交互式封套工具" 可以方便地创建对象的封套效果。操作步骤如下：

选择工具箱中的"交互式封套工具"，在属性栏中选择一种变形模式 ◁ ◁ ◁ 🖋（依次为封套的直线模式、封套的单弧模式、封套的双弧模式、封套的非强制模式），单击需要制作封套效果的对象，此时对象四周出现一个矩形封套虚线控制框，如图 5-48a 所示，拖动封套控制框上的节点，即可控制对象的外观，如图 5-48b 所示。创建封套后，控制框上有 8 个控制点，可以在控制线上双击添加控制点，也可以在控制点上双击删除该控制点。

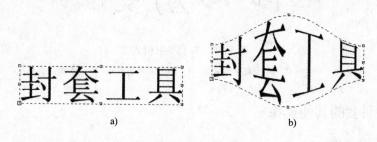

图 5-48　创建封套效果

5.5.2　封套的变形模式

交互式封套有 4 种变形模式，封套的直线模式、封套的单弧模式、封套的双弧模式、封套的非强制模式。各种效果分别如图 5-49a～图 5-49d 所示。

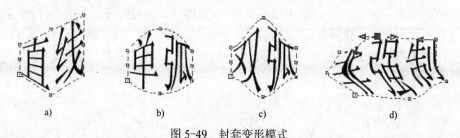

图 5-49　封套变形模式

a) 直线模式　b) 单弧模式　c) 双弧模式　d) 非强制模式

封套的直线模式就是基于直线创建封套，控制点之间都是直线。封套的单弧模式创建一边或多变带弧形的封套，使对象为凹面结构或凸面结构外观。封套的双弧模式创建一边或多边带 S 形的封套。封套的非强制模式创建任意形式的封套，允许改变节点的属性以及添加和删除节点（在控制线上双击添加控制点，在控制点上双击删除该控制点）。

5.5.3　封套的映射模式

封套的映射模式有 4 种，即水平映射模式、垂直映射模式、自由变换映射模式、原始映射模式。

水平映射模式：水平方向可以任意变形，垂直方向只能向外膨胀，不能向内压缩，如图 5-50a 所示，即使虚框向内拖动，垂直方向的图形也不会向内压缩。

垂直映射模式：垂直方向可以任意变形，水平方向只能向外膨胀，不能向内压缩，如图 5-50b 所示，即使虚框向内拖动，水平方向的图形也不会向内压缩。

自由变换映射模式：将对象选择框的角手柄映射到封套的角节点，如图 5-50c 所示。

原始映射模式：将对象选择框的角手柄映射到封套的角节点。其他节点沿对象选择框的边缘线性映射，如图 5-50d 所示。

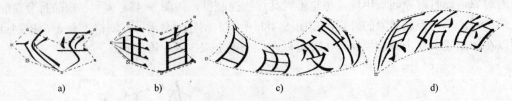

图 5-50　封套映射模式

a) 水平映射模式　b) 垂直映射模式　c) 自由变换映射模式　d) 原始映射模式

5.5.4　有关封套的其他操作

1．使用预设封套

CorelDRAW 也预先设置了一些封套效果方案，可以将某种预设封套方案直接应用于变形对象。方法是先选中欲建立封套效果的对象，然后选择工具箱中的交互式封套工具，在属性栏的预设封套下拉框 预设... 中选择需要的封套效果。

2．使用自己制作的形状创建封套

除了使用预设封套为对象创建封套变形外，还可以将任意已经画好的形状作为封套的样式应用于其他对象。在图 5-51 中选中欲变形的矩形对象 b，然后选择工具箱中的交互式封套工具，单击属性栏中的"创建封套自"按钮，光标变成 形状，单击图 5-51a 所示的对象，则图 5-51a 的图形形状虚线就会出现在图 5-51b 的矩形上，稍微移动一下虚线，则矩形变成图 5-51c 所示的形状。

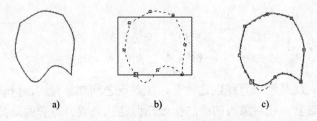

图 5-51　用任意形状作封套的式样

3．清除封套

要取消封套效果，可以单击属性栏上的"清除封套"按钮 。

5.6　交互式立体化工具

立体化效果是利用三维空间的立体旋转和光源照射的功能，为对象添加产生明暗变化的阴影，从而制作出逼真的三维立体效果。

5.6.1　创建立体化效果

使用工具箱中的"交互式立体化工具"可以轻松地为对象添加具有专业水准的矢量图立

体化效果或位图立体化效果。

使用"交互式立体化工具"创建立体化效果的操作步骤为：在工具箱中选取"交互式立体化工具" 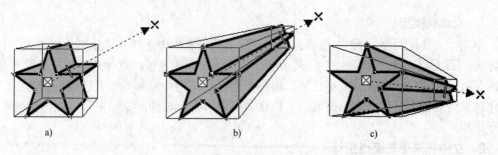，选定需要添加立体化效果的对象，在对象内部按住鼠标左键向添加立体化效果的方向拖动，此时对象上会出现立体化效果的控制虚线，拖动到适当位置后释放鼠标，即可完成立体化效果的添加，如图 5-52a 所示。

图 5-52　创建立体化效果

拖动 ┃ 滑块可以改变对象立体化的深度，如图 5-52b 所示。拖动 ▶× 控制点（灭点）可以改变对象立体化消失点的位置，如图 5-52c 所示。

灭点就是立体化表面在扩展时交汇的点。

在立体化编辑状态下，再次单击立体化对象，在立体化对象周围出现一条圆形虚线，可以对立体化对象施行旋转操作，如图 5-53a 所示。

将立体空间用三维坐标表示，如图 5-53b 所示，如果将鼠标在圆形虚线外面按下，并沿弧线拖动，则立体化对象会绕 z 轴旋转，到达合适的位置释放鼠标，如图 5-53c 所示。如果将鼠标在圆形虚线内部按下，并水平拖动，则立体化对象会绕 y 轴旋转，若垂直拖动，则立体化对象会绕 x 轴旋转，当然也可以向任意方向拖动鼠标，立体化对象就会在相应的方向旋转。

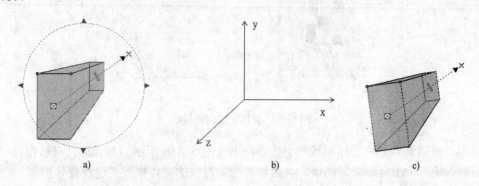

图 5-53　旋转立体化对象

5.6.2　通过属性栏设置立体化参数

可以通过交互式立体化工具的属性栏（见图 5-54）修改立体化参数，如立体化类型、立体化深度、立体化方向、颜色、斜角修饰边、照明等。

图 5-54 交互式立体化工具属性栏

1. 立体化类型

单击"立体化类型"按钮，可以在弹出的列表框中选择立体化延伸的方式，共有6种方式：，从前到后依次为：原图在前，立体化效果向后缩小延伸；原图在后，立体化效果向前缩小延伸；原图在前，立体化效果向后扩大延伸；原图在后，立体化效果向前扩大延伸；原图在前，立体化效果向后平行延伸；原图在后，立体化效果向前平行延伸。

2. 立体化深度与灭点坐标

除了用前面介绍的拖动立体化方向线上的滑块改变立体化深度外，还可以在属性栏的"深度"框中输入立体化深度值来设置立体化深度。

注意：对于前面介绍的后两种立体化类型，不能设置其立体化深度。

可以在属性栏的"灭点坐标"框中输入数值来改变灭点的坐标。

3. 立体化方向

选中立体化对象后，单击属性栏中的"立体化方向"按钮，弹出图 5-55a 所示的立体化方向对话框，用鼠标在预览窗口中拖动，对选定对象的立体化效果进行旋转控制。

a)

b)

图 5-55 立体化方向对话框

单击该对话框右下角坐标形状的小按钮，出现图 5-55b 所示的对话框，可以在该对话框中分别输入绕三个坐标轴旋转的值，也可以对选定对象的立体化效果进行旋转控制。

4. 立体化颜色

选中立体化对象后，单击属性栏中的"颜色"按钮，弹出图 5-56 所示的"立体化颜色"对话框。对话框最左边的按钮是"使用对象填充"，即用对象的颜色填充立体化斜面；中间的按钮是"使用纯色"，即用单一颜色填充立体化斜面；最右边的按钮是"使用递减的颜色"，即用两种颜色的渐变填充立体化斜面。

图 5-56　立体化颜色对话框

5．斜角修饰边

选中立体化对象后，单击属性栏中的"斜角修饰边"按钮▣，弹出图 5-57a 所示的"斜角修饰边"对话框。添加斜角修饰边后，立体化图形的效果如图 5-57b 所示。"斜角修饰边"对话框中的两个数值框分别是斜角修饰边深度和斜角修饰边角度。斜角修饰边深度是指斜角修饰边的高度，斜角修饰边角度是指斜角修饰边与立体化斜面之间的夹角。如果选中复选框"只显示斜角修饰边"，则不显示立体化对象的其他部分，只显示斜角修饰边部分，如图 5-57c 所示。

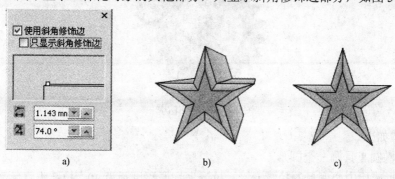

a)　　　　　　　　　　b)　　　　　　　　　　c)

图 5-57　斜角修饰边效果

6．添加光源

可以通过为立体化对象添加光源得到从不同角度和不同光强的光照效果，进一步增强立体化效果。

单击属性栏中的"照明"按钮💡，弹出图 5-58a 所示的照明对话框。单击左侧中的某个小灯泡，即可增加一个光源（再次单击这个灯泡，则删除该光源），添加光源后。可以在右侧的小窗口移动光源的位置，还可以拖动下方的滑块设置光源的强度，图 5-58c 就是给图 5-58b 添加图 5-58a 所示光源后的效果。由于光源位于图形前方的右下角，上面的两个面得不到光照，变为黑色。

最多可以为立体化对象添加三个光源。

7．使用预设立体化效果

CorelDRAW 预先设置了一些立体化效果方案，可以将某种预设立体化方案直接应用于立体化对象。方法是先选中欲建立立体化效果的对象，然后选择工具箱中的交互式立体化工具，在属性栏的预设下拉列表 预设… ▾ 中选择需要的立体化效果。

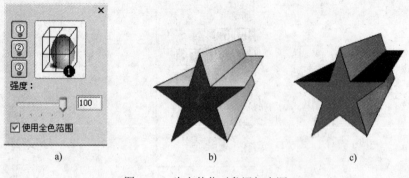

a)   b)   c)

图 5-58   为立体化对象添加光源

5.6.3   实例

本例主要应用交互式变形工具和交互式立体化工具制作立体化的齿轮，最终效果如图 5-59 所示。

图 5-59   立体化齿轮

制作步骤如下：

1）使用椭圆工具画一个圆形。

2）对圆形施行中心变形的拉链变形，拉链失真振幅设置为 40，拉链失真频率设置为 10，如图 5-60 所示。

3）再画一个圆形，比上面变形后的图形小一些，并使二者中心对齐。可以通过选择"排列"→"对齐和分布"→"对齐和分布…"菜单项，在弹出的"对齐与分布"对话框中设置。

4）同时选中这两个图形，单击属性栏中的"结合"按钮，将两个对象结合。然后填充为黑色，如图 5-61 所示。

图 5-60   对圆形施行拉链变形

图 5-61   结合后填充为黑色

5）再画一个更小的圆，填充为黑色，并与前面制作好的图形中心对齐后群组，如图 5-62 所示。

6）使用交互式立体化工具对群组后的图形创建立体化效果，为立体化对象应用"使用递减的颜色"填充为从黄到红的渐变，如图 5-63 所示。

图 5-62　群组后的图形

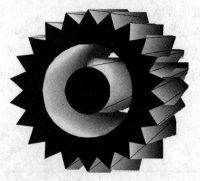

图 5-63　立体化并使用渐变填充

7）为立体化对象添加光源，在立体化对象的左上角添加一个光源，得到最终结果，见图 5-59。

5.7　交互式透明工具

透明效果是通过改变对象填充颜色的透明程度，来创建独特的视觉效果。对某个对象应用透明效果可以看到位于该对象下一层的对象。

使用交互式透明工具 ⊻ 可以方便地为对象添加各种透明效果。首先选择要添加透明效果的对象，再选择工具箱中的交互式透明工具，然后在属性栏的"透明度类型"下拉框 标准▾ 中选择一种透明度类型，即为该对象添加了透明效果，如图 5-64 所示。图中在荷花（可以导入任意图形）的前面画一个椭圆，填充为红色，然后为椭圆添加标准透明效果。

图 5-64　添加透明效果

为对象添加透明效果后，还可以编辑透明类型、开始透明度等。

5.7.1　透明类型

1．标准透明效果

标准透明使透明对象中每一点的透明度都一样，因此也称为均匀透明，图 5-64 对椭圆添

加的透明效果就是标准透明。可以通过属性栏的"开始透明度"框 ⊢▭▭|50 ▭ 设置透明程度。

在属性栏的"透明度操作"下拉框 正常 ▾ 中可以选择透明度操作模式，以得到不同的透明效果。有关各种操作模式的详细解释可以查阅 CorelDRAW 帮助，以"应用合并模式"为关键词搜索。

在属性栏的"透明度目标"下拉框 ▣全部 ▾ 中有三种选择，全部、轮廓和填充，可以将透明效果应用于整个对象、只应用于轮廓或只用于填充部分。

将属性栏中的"冻结"按钮 ✱ 按下，在移开透明对象时，其背景也随之一起移开。如图 5-65 所示。

图 5-65　冻结透明效果

2．渐变透明效果

渐变透明是指从一种透明强度平滑过渡到另一种透明强度的效果。渐变透明类型分为线性透明、射线透明、圆锥透明和方角透明。

线性透明的透明度沿设定的方向线性变化，如图 5-66 所示。可以拖动透明控制线上中间的滑块控制渐变的速度，拖动控制线两端的方块可以改变线性透明的起始位置，白色的方块表示完全不透明，黑色的方块表示完全透明。可以将调色板上的灰色块拖到小方块中，来改变该点的透明度，也可以将调色板上的某个颜色块拖到控制线的其他位置上而添加一个透明控制点，图 5-67 就是在图 5-66 的透明控制线上又添加三个颜色控制点。如果在某个表示透明控制点的小方块上单击鼠标右键，则删除该控制点。

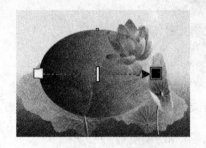　　

图 5-66　线性透明效果　　　　　　　　　　图 5-67　添加透明控制点

射线透明是透明度从圆心开始沿半径方向逐步变化的透明效果，如图 5-68 所示。

圆锥透明的透明区域呈现圆锥形，图 5-69 是在添加圆锥透明效果后，又增加两个颜色控制块，并将两个黑色的小方块设置为 80％黑色，两个浅灰色的小方块设置为 20％黑色。

116

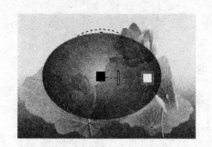

图 5-68　射线透明效果

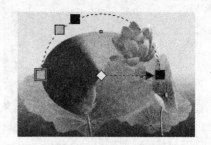

图 5-69　圆锥透明效果

　　方角透明是以一个正方形区域为基础，正方形中间透明度最大，两个对角线上的透明度也稍大些，而正方形 4 个边的中点透明度最小，如图 5-70 所示。

　　渐变透明效果除了直接在控制线上修改透明效果外，还可以通过单击属性栏中的"编辑透明度"按钮，调出图 5-71 所示的"渐变透明度"对话框，在该对话框中设置对象的透明效果。

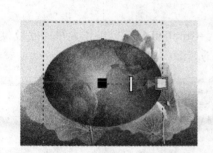

图 5-70　方角透明效果

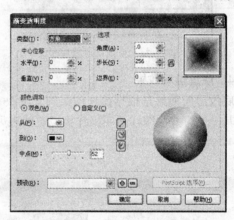

图 5-71　"渐变透明度"对话框

3. 图样透明效果

　　图样透明效果是根据图样的灰度决定透明度。图样透明有双色图样、全色图样和位图图样三种。

　　双色图样透明使用系统提供的黑白图样作为透明的依据，全色图样透明使用系统提供的彩色图样作为透明的依据，位图图样透明使用系统提供的位图作为透明的依据。在属性栏的"透明度类型"下拉框中选择一种图样后，可在"第一种透明度挑选器"下拉列表中选择一种图样。图 5-72～图 5-74 分别是双色图样、全色图样和位图图样的透明效果（将绿色矩形作为背景，为白色的椭圆添加透明效果）。图中左侧的小图形是在"第一种选择透明度挑选器"下拉列表中选择的图样。

　　选中具有图样填充的对象，单击属性栏中的"为透明度图块生成镜像"按钮，为透明度图块生成水平和垂直两个方向上的镜像。图 5-75 是在图 5-73 的基础上，为透明度图块生成镜像后的效果。

　　选择一种图样透明效果后，也可以单击属性栏中的"编辑透明度"按钮，调出"图样透明度"对话框，在该对话框中设置图样透明的各种参数。在该对话框中有一个复选框"将填充与对象一起变换"，如果选中该复选框，当对象大小或形状改变时，透明图样也随之一起变化。

图 5-72 双色图样透明效果

图 5-73 全色图样透明效果

图 5-74 位图图样透明效果

图 5-75 为透明度图块生成镜像

4.底纹透明效果

底纹透明效果是根据纹理图案的灰度决定透明度。CorelDRAW 提供了大量的底纹供选择，其操作方式与图样透明操作类似，效果如图 5-76 所示。

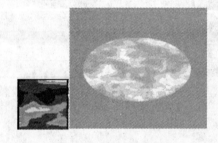

图 5-76 底纹透明效果

5.7.2 实例

本例制作图 5-77 所示的玻璃球。

图 5-77 玻璃球效果图

制作步骤如下：

1）制作背景。在工具箱中选择"图纸工具"，在属性栏中设置行列数都是 16，按下〈Ctrl〉键，绘制一个正网格图形。

2）选中网格图形，取消群组，这时网格图形被分解成一个个单独的小正方形。选中所有的小正方形，填充为蓝色，然后将网格中的一半小方形填充为白色，得到蓝白相间的网格效果，如图 5-78 所示。

3）选中所有的小正方形，去除轮廓并群组。然后施行旋转、倾斜得到图 5-79 所示的背景。

图 5-78　黑白相间的网格　　　　　　　　图 5-79　去除轮廓并旋转

4）使用文本工具输入文字"CORELDRAW"，分两行排列，选择稍大一些的字体，填充为红色。

5）在文字上面画一个圆形，填充为浅蓝色，并添加射线透明效果，如图 5-80 所示。

6）将圆形原地复制一个，选择"效果"→"透镜"菜单项，打开透镜泊坞窗，在透镜类型中选择鱼眼，效果如图 5-81 所示。有关透镜的详细介绍，请参见第 7 章。

图 5-80　为圆形添加射线透明效果　　　　　　图 5-81　添加鱼眼透镜效果

7）将文字和圆形群组，然后原地复制一个，将复制后的图形垂直镜像，并移到原图的下面。

8）由于为群组对象添加透明效果时，将破坏原有群组成员的透明效果，所以首先将其转化为位图。选择复制的对象，再选择"位图"→"转化为位图"菜单项，弹出"将其转化为位图"对话框，在对话框中选中"透明背景"复选框，然后单击"确定"按钮。最后为转换后的位图添加线性透明效果，得到图 5-77 所示的图形。

5.8 交互式工具的一些补充操作

使用本章所介绍的 7 种交互式工具可以为图形对象添加各种特殊效果。其中交互式调和工具是在两个对象间建立调和效果，而另外 6 个交互式工具是在一个对象上建立特殊效果。创建这些效果后，还可以将建立好的效果进行复制或克隆。复制与克隆的区别是：将效果复制到新对象后，再对原对象效果进行修改，不影响新对象的效果；而将效果克隆到新对象后，再对原对象效果进行修改时，新对象的效果也跟随变化。

部分交互式效果还可以在泊坞窗中编辑。

由于各种交互式效果的复制、克隆方法类似，下面以交互式轮廓效果为例介绍效果复制及克隆的操作方法。

1．复制轮廓效果

复制轮廓效果可以使用属性栏中的"复制轮廓图属性"按钮，也可以使用"效果"→"复制效果"→"轮廓图自"菜单项来完成。

使用属性栏上的"复制轮廓图属性"按钮复制轮廓效果的方法是：选择需要添加轮廓效果的对象，单击交互式轮廓工具栏中的"复制轮廓图属性"按钮 ，然后单击已经建立轮廓效果的对象，就会将已经建立轮廓效果对象的轮廓属性复制到需要添加轮廓效果的对象上。

使用"效果"→"复制效果"→"轮廓图自"菜单项复制轮廓效果的方法是：选择要添加轮廓效果的对象，然后选择"效果"→"复制效果"→"轮廓图自"菜单项，再单击已经建立轮廓效果的对象。

2．克隆轮廓效果

使用"效果"→"克隆效果"→"轮廓图自"菜单项可以克隆轮廓效果。方法是选择要添加轮廓效果的对象，然后选择"效果"→"克隆效果"→"轮廓图自"菜单项，再单击已经建立轮廓效果的对象。此时更改原图的轮廓效果，克隆的轮廓效果也跟随变化。

可以克隆的交互式效果有交互式调和效果、交互式轮廓效果、交互式阴影效果和交互式立体化效果。

3．使用滴管工具复制轮廓效果

如果要将一个轮廓效果复制到多个对象上，使用滴管工具比较方便。方法如下：

1）选择工具箱中的"滴管"工具 。

2）从属性栏的列表框中选择"对象属性"。

3）单击属性栏的"效果"展开工具栏，然后选中"轮廓图"复选框。

4）单击要复制其轮廓效果的对象，将对象的轮廓属性采集到滴管中。

5）选择工具箱中的"颜料桶"工具 。

6）单击要向其复制轮廓效果的对象，可以重复多次为多个对象复制轮廓。

4．使用泊坞窗建立交互式效果

除了使用工具箱中的工具创建交互式效果外，对于交互式调和、交互式轮廓、交互式立体化和交互式封套效果，还可以使用泊坞窗来完成。下面以交互式轮廓效果为例介绍使用泊坞窗为对象添加交互式效果的方法。

选择"效果"→"轮廓图"菜单项，或选择"窗口"→"泊坞窗"→"轮廓图"菜单项，调出"轮廓图"泊坞窗，如图 5-82 所示。

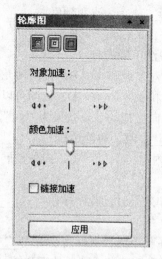

图 5-82 "轮廓图"泊坞窗

选择要添加轮廓图的对象，在"轮廓图"泊坞窗中设置好参数，单击"应用"按钮，即为选定的对象添加轮廓图效果。

5. 其他操作

几种交互式效果的取消操作都一样，都是选中具有交互式效果的对象，然后单击属性栏中的"取消"按钮 ⊙。

除交互式透明效果外，其他几种交互式工具都提供了系统预设的交互式效果，可以在属性栏的"预设"下拉框中选择。

5.9 习题

1. 选择题（可以多选）

（1）交互式变形工具包含_____变形方式。

    A. 2   B. 3   C. 4   D. 5

（2）交互式调和工具不能用于_____对象。

    A. 透境   B. 群组   C. 立体   D. 阴影

（3）交互式工具包括_____工具。

    A. 5   B. 6   C. 7   D. 8

（4）以下工具中属于交互式工具的是_____。

    A. 缩放   B. 移动   C. 调和   D. 透明   E. 透镜   F. 立体

（5）交互式透明工具可对对象进行的操作是_____。

    A. 应用透明度 B. 应用阴影 C. 应用封套 D. 应用立体化

（6）将任何两个对象进行一系列过渡选用_____。

    A. 调和命令   B. 渐变命令 C. 立体化命令   D. 透明命令

（7）交互式立体工具制作的立体对象_____旋转。

A. 可以 B. 不可以

（8）交互式阴影工具的阴影_____改变颜色。

A. 可以 B. 不可以

（9）关于调和功能，以下说法正确的有_____。

A. 群组对象可与单一对象调和 B. 位图填充的对象可以调和

C. 艺术笔对象可以调和 D. 位图可以调和

（10）在"推拉变形"中，向左拖动节点效果为"拉"，其效果为：对象节点向变形中心_____，对象的边角向_____收，对象边线_____。

A. 拉近 B. 内 C. 向外扩展且变尖锐 D. 弧形

2．填空题

（1）在两个对象间建立调和效果时，顺序排在_____的对象是起始对象，顺序排在_____的对象是结束对象。

（2）要想使调和对象分布在整个路径上，需要设置_____。

（3）拆分调和是指将一个调和图形分成两段的调和效果，可以按下_____键，单击选中某一段调和上的过渡对象。

（4）只有原图形有_____，才能看见轮廓图的轮廓色或填充色。

（5）交互式变形分为_____、_____和_____三种方式。

（6）没有_____且轮廓线的宽度为"发丝"的对象，不能添加阴影效果。

（7）阴影羽化值_____，阴影边缘越不清晰，阴影羽化值_____，阴影的边缘越清晰。

（8）交互式封套有_____模式、_____模式、_____模式和_____模式等有 4 种变形模式。

（9）使用交互式立体化工具为对象添加立体化效果，最多可以为立体化对象添加_____个光源。

（10）渐变透明是指从一种透明强度平滑过渡到另一种透明强度的效果，渐变透明类型分为_____、_____、_____和_____ 4 种。

第6章　文本的创建与编辑

文本是 CorelDRAW 中具有特殊属性的图形对象。CorelDRAW 提供两种文本处理方式：美术字文本和段落文本。

美术字文本适合制作文字较少的文本对象，CorelDRAW 将它作为一个单独的图形对象来使用，因此，可以使用各种处理图形的方法对它们进行编辑处理。

段落文本主要用于创建大篇幅的文本，对段落文本可以使用 CorelDRAW 所提供的编辑排版功能进行处理。

对于段落文本的处理，与其他文字处理软件的处理方法类似，如 Word 等软件。因此，如果对其他文字编辑、排版软件比较熟悉，则很容易掌握 CorelDRAW 中段落文本的处理方法。

6.1　创建文本

6.1.1　使用工具箱创建文本

使用工具箱中的"文本"工具创建文本。美术字文本和段落文本的创建方法不完全一样，下面分别介绍。

1. 创建美术字文本

创建美术字文本的方法如下：

1）在工具箱中选择"文本"工具 ，在页面中单击鼠标，出现插入点光标。

2）在属性栏中（如图 6-1 所示）选择合适的字体和字号，以及文本的其他格式。

3）在光标插入点直接输入文本，如图 6-2 所示。

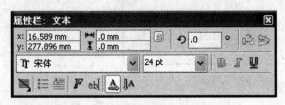

图 6-1　文本工具属性栏　　　　　　　　　　　　　　图 6-2　输入美术字文本

美术字文本创建后，可以利用文本属性栏对其进行格式修改，也可以利用图形工具更改其图形属性。

2. 创建段落文本

创建段落文本的方法如下：

1）在工具箱中选择"文本"工具 。在页面中按下鼠标左键拖动，出现一个矩形虚线框，到合适的位置释放鼠标。此时光标插入点在矩形框的左上角。

2）在属性栏中选择合适的字体和字号，以及文本的其他格式。

3）在光标插入点直接输入文本，如图 6-3 所示。

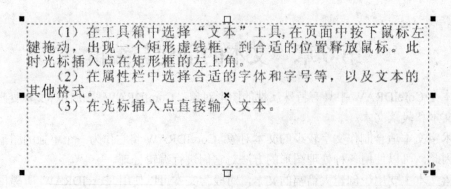

图 6-3　输入段落文本

当段落文本字数较多，超出段落文本框可以容纳的范围时，多出的部分将被隐藏，这时可以缩小字号，或拖动文本框四周的黑色控制柄调整文本框的大小。

6.1.2　利用剪贴板添加文本

如果我们需要的文本已经存在于其他文字处理软件中，可以将其复制到 CorelDRAW 中。首先在其他文字处理软件中打开包含我们需要文字的文件，选择需要的文字复制（如按〈Ctrl+C〉组合键），然后回到 CorelDRAW 中，选择文本工具。在页面中单击鼠标（添加美术文本）或拖动鼠标画出一个矩形框（添加段落文本），再执行粘贴操作（如按〈Ctrl+V〉组合键），出现如图 6-4 所示的"导入/粘贴文本"对话框。

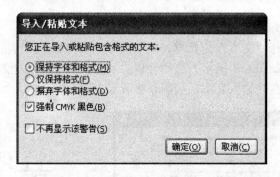

图 6-4　"导入/粘贴文本"对话框

在"导入/粘贴文本"对话框中选择粘贴后是否保持文本原来的字体和格式，然后单击"确定"按钮，将复制的文本粘贴到 CorelDRAW 中。

注意：在执行"粘贴"操作之前一定要使用文本工具在页面中单击或拖动画出一个文本框，如果直接粘贴，会将复制的内容作为图形对待。

6.1.3　导入文本

如果将其他文件中的部分文本内容复制到 CorelDRAW 中，使用剪贴板的方法比较方便。如果需要将其他文件的全部内容复制到 CorelDRAW 中，可以使用导入的方法。

选择"文件"→"导入"菜单项，或按〈Ctrl+I〉组合键，打开"导入"对话框，在该对话框中找到要导入的文件，选中后单击"导入"按钮，出现"导入/粘贴文本"对话框，单击"确定"按钮，回到页面中，在页面中单击或拖动鼠标画出一个矩形框，释放鼠标，所选文件的内容就导入到页面中。

注意：导入的文本总是以段落文本的方式出现在 CorelDRAW 中。

6.1.4　美术字文本与段落文本的转换

文本创建后，在美术字文本与段落文本之间可以相互转换。

先用挑选工具选择美术字文本，然后选择"文本"→"转换到段落文本"菜单项，或按〈Ctrl+F8〉组合键，即可将选中的美术字文本转换成段落文本。

将段落文本转换成美术字文本的操作相同。先选择要转换的段落文本，然后选择"文本"→"转换到美术字"菜单项，或按〈Ctrl+F8〉组合键，即可将选中的段落文本转换成美术字文本。

6.2　格式化文本

文本创建后可以根据需要设置文本的格式，包括字符格式、段落格式以及其他特殊效果等。

6.2.1　字符格式

字符格式可以在"文本"属性栏或"字符格式化"泊坞窗（图 6-5）中设置。可以选择"文本"→"字符格式化"菜单项，或单击属性栏的"字符格式化"按钮 $\boldsymbol{F}$，或按〈Ctrl+T〉组合键，打开"字符格式化"泊坞窗。

1．选择文本

在设置字符格式前，需要选择要设置格式的文本。如果为全部文本设置字符格式，使用挑选工具选择美术文本或段落文本即可；如果为部分文本设置格式，则要选择文本工具，在需要设置字符格式文本的起点按下鼠标拖动到终点释放鼠标，将这块文本选中。

2．设置文本的字体

在图 6-5 所示的字符格式化泊坞窗中，可以方便地修改文本的字体、字号。在字符效果部分还可以为字符添加下划线、删除线、上划线、大小写、位置（上标或下标）等。

3．设置字符的位移和旋转

在"字符格式化"泊坞窗的"字符位移"部分可以设置字符的位移和旋转。字符的位移和旋转只能对选中部分的文本操作，不能使用挑选工具选择全部文本。

在图 6-6 中，使用文本工具选择"旋转"两个字，将角度设置为 30°；然后选择"水平位移"4 个字，将水平位移设置为 40%；再选择"垂直位移"4 个字，将垂直位移设置为 30%；再选择文本"水平垂直同时位移"，将水平位移和垂直位移都设置成 20%；最后选择文本"水平垂直同时位移并旋转"，将水平位移和垂直位移都设置成 20%，将角度设置为 20°。

在图6-6中，使用文本工具选择"旋转"两个字，将角度设置为30°；然后选择"水平位移"4个字，将水平位移设置为40%；再选择"垂直位移"4个字，将垂直位移设置为30%；再选择"水平垂直同时位移"，将水平位移和垂直位移都设置成20%；最后选择"水平垂直同时位移并旋转"，将水平位移和垂直位移都设置成20%，将角度设置为20°。

图6-5　"字符格式化"泊坞窗 　　　　　图6-6　字符的位移与旋转

4. 设置字符对齐方式

单击属性栏或"字符格式化"泊坞窗的"水平对齐"按钮■，在下拉列表中设置文本的水平对齐方式，包括左对齐、右对齐、居中对齐等。

5. 调整文本字间距与行间距

可以使用形状工具调整文本的字间距与行间距。选择形状工具，单击要调整的文本，在文本左下角和右下角分别出现一个小图标，如图 6-7 所示，向右侧拖动右下角图标，会增加字间距；向左侧拖动右下角图标，会减少文本的字间距；向下方拖动左下角图标，会增加行间距；向上方拖动左下角图标，会减少文本的行间距。

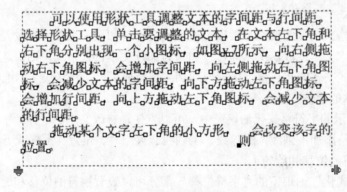

图6-7　改变字符间距和行距

拖动某个文字左下角的小方形，则会改变该字的位置。

6.2.2　段落格式

1. 基本段落格式的设置

段落格式可以使用"段落格式化"泊坞窗设置。选择"文本"→"段落格式化"菜单项，调出"段落格式化"泊坞窗，如图6-8所示。

（1）设置段落对齐方式

泊坞窗最上面的部分用于段落的水平对齐和垂直对齐。如果选中的是美术字文本，则只能设置水平对齐，此时垂直文本对齐为灰色，不可用状态。

（2）设置间距

泊坞窗中对齐部分的下面是间距部分，用于设置段落前、段落后，以及行与行之间的距离。如果选择的是美术文本，则只能设置行间距，段落前和段落后两项为灰色不可选状态。

语言、字符和字的间距用于控制字间距。

（3）设置缩进量

设置缩进量只能用于段落文本，可以设置段落文本的首行缩进、左缩进和右缩进。

（4）设置文字方向

文本既可以是水平方向排列，也可以是垂直方向排列。垂直方向排列的效果如图6-9所示。

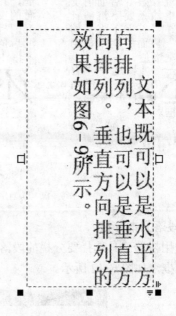

图6-8　"段落格式化"泊坞窗　　　　　　　　图6-9　垂直的文字方向

2．首字下沉

首字下沉只能用于段落文本，而不能应用于美术字文本。选择文本工具，将光标放到需要设置首字下沉段落的任意位置，选择"文本"→"首字下沉"菜单项，弹出"首字下沉"对话框，如图6-10所示。

在对话框中选中"使用首字下沉"复选框，在"下沉行数"后面的文本框中输入要下沉的行数，在"首字下沉后的空格"后面的文本框中输入空格值。还可以选中"首字符下沉使用悬挂式缩进"复选框，各种效果如图6-11所示。

图 6-10　"首字下沉"对话框

图 6-11a 设置首字下沉 3 行，图 6-11b 在图 6-11a 的基础上设置"首字下沉后的空格"为 10mm，图 6-11c 在图 6-11a 的基础上选中"首字符下沉使用悬挂式缩进"复选框。

图 6-11　首字符下沉效果

a) 首字符下沉　b) 首字下沉后的空格为 10mm　c) 使用悬挂式缩进

3. 段落文本分栏

先使用挑选工具选择要分栏的段落文本，再选择"文本"→"栏"菜单项，弹出"栏设置"对话框，如图 6-12 所示。

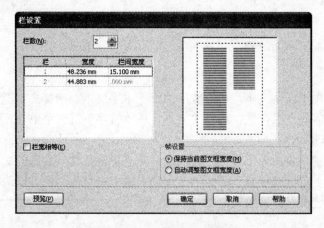

图 6-12　"栏设置"对话框

在"栏数"后面的文本框中输入栏数，然后在表格中设置每栏的宽度和栏间宽度。如果要求栏的宽度相同，则选中"栏宽相等"复选框，这样只有第一栏的宽度和栏间宽度可变，其他栏的宽度及栏间宽度都为灰色。

如果选择"保持当前图文框宽度"单选钮，则所有栏的宽度和栏间宽度之和应该等于文本框的宽度，某个栏的宽度增加，其他栏的宽度或栏间宽度就要减少。

如果选择"自动调整图文框宽度"单选钮，则会根据栏宽和栏间宽度自动调整文本框的宽度。

图 6-13 为分栏后的效果。

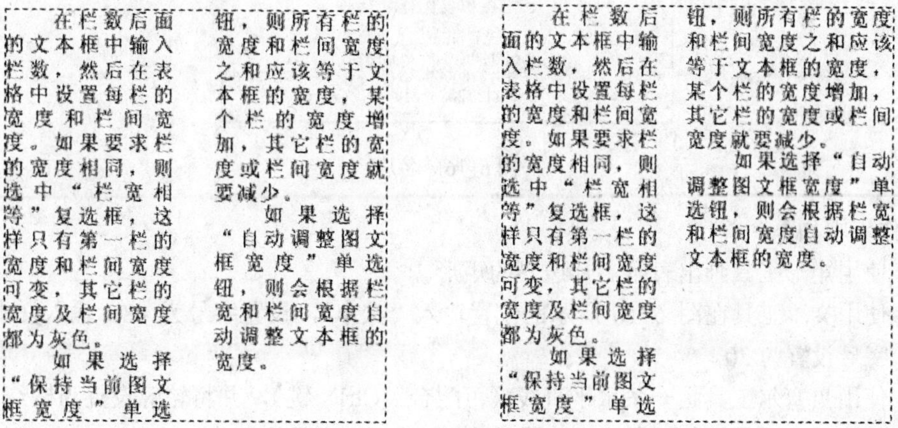

图 6-13　段落文本分栏

a) 栏宽相同　b) 栏宽不相同

6.2.3　图形文本框

前面所创建和编辑的美术字文本和段落文本的边界形状都是矩形的。在 CorelDRAW X3 中可以使用任何封闭形状作为文本的边界。

首先画出所希望的文本框形状的封闭图形。然后选择文本工具，将鼠标移动到封闭图形边界的内侧（为了方便掌握鼠标的位置，可以从图形内侧向边界方向移动），当鼠标指针形状由 字 变成 I 时，单击鼠标左键，在图形内侧出现一个虚线框，这就是段落文本的边界，如图 6-14 所示。输入文本或复制文本后的效果如图 6-15 所示。

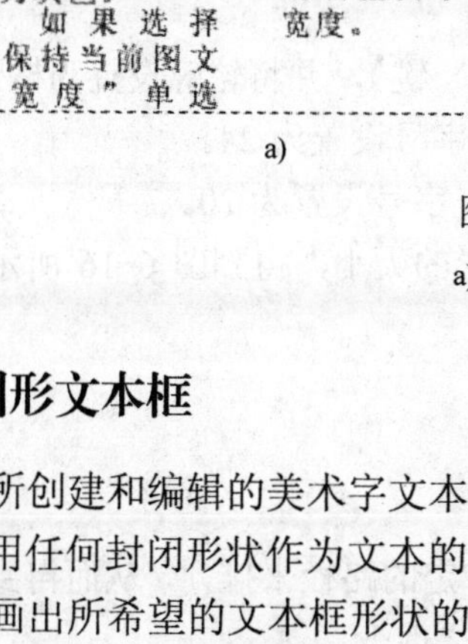

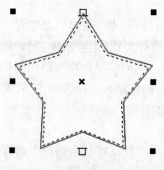

图 6-14　五角星形状的文本框

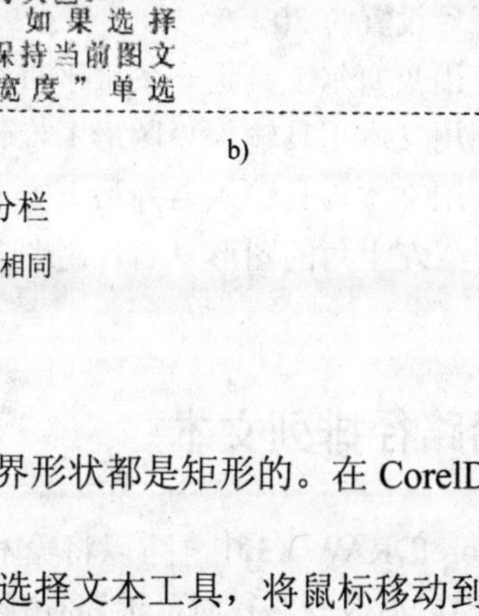

图 6-15　输入文本

6.2.4 实例

本实例主要使用文本工具制作图 6-16 所示的名片。

图 6-16　名片

制作步骤如下：

1）使用矩形工具画出表示名片边界的矩形。

2）使用文本工具在图 6-16 所示的位置输入"文本"，设置字号为 48，输入文本"高级编辑"，字号设置为 20。

3）使用贝塞尔工具画一条水平直线（可配合〈Ctrl〉键），并将轮廓设置为橘红色。

4）使用文本工具输入"图形图像设计有限公司"，字号设置为 24。

5）使用文本工具输入名片最下方联系方式的文字，字号设置为 20。

6）导入左上角的图形"名片用图.jpg"，并调整图形的大小，得到图 6-16 所示的最终效果。

6.3　沿路径排列文本

在 CorelDRAW X3 中，可以将美术文本沿着任何特定的路径来排列，从而得到特殊的文本效果。当以后改变路径时，沿路径排列的文本也会随之改变。

对于段落文本可以沿非封闭路径排列，不能沿封闭路径排列。

6.3.1　沿路径添加文本

1. 沿路径输入文本

在输入文本之前，先画出文本排列的路径，可以是封闭图形，也可以是非封闭的图形。然后选择文本工具，将鼠标移动到路径的边沿，当鼠标指针形状由 ⌖字 变成 I⊞ 时，单击鼠标左键，输入文本，则文本沿路径排列。如果路径是封闭的，则应将鼠标移到封闭图形边界的外侧（为了方便掌握鼠标的位置，可以从图形外侧向边界方向移动），当鼠标指针形状由 ⌖字 变成 I⊞ 时，单击鼠标左键后输入文本，效果如图 6-17 和 6.18 所示。

2. 使文本适合路径

如果要将已经输入的文本沿某一路径排列，可以使用"使文本适合路径"的方法。

图 6-17 文本沿非封闭路径排列　　　　　　图 6-18　文本沿封闭路径排列

先使用绘图工具绘制一条曲线或几何形状，然后使用挑选工具选定需要处理的文本，再选择"文本"→"使文本适合路径"菜单项，此时鼠标指针变成黑色的向右箭头 ➡️𝄆，单击曲线路径，即可将文本沿着该曲线路径排列。

注意： 段落文本不能沿封闭路径排列。

6.3.2　设置沿路径排列文本的属性

文本沿路径排列后，还可以对其沿路径排列的属性进行设置。方法是选中已经填入路径的文本，这时出现"曲线/对象上的文字"属性栏，如图 6-19 所示。可以通过属性栏对其进行设置。

图 6-19　曲线/对象上的文字属性栏

在属性栏的"文本方向"下拉框 `ABC ▾` 中，可以选择对齐到路径的文本相对于路径放置的方向。

属性栏中的"与路径距离"文本框 `4.0 mm` 用于输入文本与路径之间的距离值。"水平偏移"文本框 `.0 mm` 用于输入文本在水平方向的偏移量。比较图 6-20 中的三个图可以理解这两个值的含义，其中图 6-20a 设置与路径的距离是 4mm，水平偏移为 0mm；图 6-20b 设置与路径的距离是–10mm，水平偏移为 0mm；图图 6-20c 设置与路径的距离是 4mm，水平偏移为 20mm。

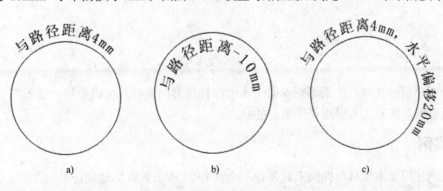

a)　　　　　　　　　　　　b)　　　　　　　　　　　　c)

图 6-20　与路径距离及水平偏移

选中对齐到路径的文本，单击属性栏上的"水平镜像"按钮 ，可以使文本水平镜像，如图 6-21b 所示。单击属性栏上的"垂直镜像"按钮 ，可以使文本垂直镜像，如图 6-21c 所示。图 6-21d 是在图 6-21a 的基础上实施一次水平镜像和一次垂直镜像。

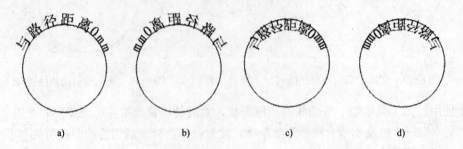

图 6-21 镜像文本

对于文本与路径的距离及水平偏移，除了可以使用属性栏设置外，还可以用挑选工具选中文本，然后拖动鼠标实现。

有关文本字间距的设置可以参考 6.2.1 节中有关调整文本字间距与行间距的介绍。

6.3.3 拆分文字与路径

文本适合路径后，文本与路径就成为一个整体。在有些情况下希望将文本从路径分离出来，这可以通过"拆分"实现，拆分后文本和路径变成两个独立的对象，但文本沿路径分布的属性没有改变。

首先选择要与路径分离的文本，然后选择"排列"→"拆分 在一路径上的文本"菜单项，此后便可以单独移动文本或路径，如图 6-22 所示。当然，如果路径不再需要，也可以将其删除。

图 6-22 拆分文本与路径

对于拆分后的文本，如果不想保留文本沿路径排列的属性，可以选择"文本"→"校正文本"菜单项，恢复文本沿路径排列前的状态。

6.3.4 实例

本实例使用文本工具与椭圆工具制作一个图 6-23 所示的野生动物标志。

图 6-23　野生动物标志

制作步骤如下：

1）使用椭圆工具画一个圆形，将轮廓设置为蓝色并加粗一些，填充为深黄色。

2）将上面的圆形同心缩小复制一个，将轮廓设置为天蓝色。

3）导入素材中的"狮子.jpg"图片，调整大小。选中狮子图片，然后选择"效果"→"图框精确剪裁"→"放置在容器中"菜单项，再单击小圆，将狮子图片放在小圆容器中（为了将狮子图案位于圆的中心，在图框精确剪裁之前，需要在"选项"对话框中进行有关设置，选择"工具"→"选项"菜单项，在出现的"选项"对话框中，选中左侧"工作区"下面的"编辑"一项，在右侧选中"新的图框精确剪裁内容自动居中"复选框）。有关图框精确剪裁的详细介绍请参见第 7 章。

4）使用文本工具输入美术文本"野生动物"，设置为华文行楷字体，36pt，填充为蓝色。选择"文本"→"使文本适合路径"菜单项，单击较大的圆，合理设置与路径的距离与水平偏移。使用形状工具将字间距调大一些。

5）使用同样的方法处理美术字"Wild ·2008· Animal"。与第 4）步不同的是将文本适合路径后，要将文本水平镜像、垂直镜像各一次。

6）将做好的所有图形对象群组，得到图 6-23 所示的效果。

6.4　段落文本的特殊处理

6.4.1　图文混排

在进行文本的编排中，为了增加版式的多样性和艺术性，常常需要将图形与文本混合排列，达到图文并茂的效果。图文混排可以通过设置"段落文本换行"的方法实现，可以在对象属性泊坞窗（如图 6-24 所示）中设置，也可以通过"矢量图形对象"属性栏或"位图或OLE 对象"属性栏（如图 6-25 所示）的"段落文本换行"按钮▇设置。

具体方法如下：

先创建段落文本，然后导入或绘制图形，将图形放于段落文本之上，此时图形所在位置的文本部分被图形遮盖。用挑选工具选定图形，单击属性栏中的"段落文本换行"按钮，在弹出的对话框中选择一种换行样式，输入文本换行偏移的值，单击"确定"按钮，此时可以看到文本环绕在图形四周，图 6-26 是选择"轮廓图-跨式文本"换行样式的效果，图 6-27 是选择"方形-跨式文本"换行样式的效果。

图 6-24　"对象属性"泊坞窗

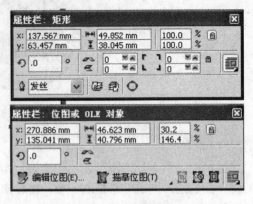

图 6-25　对象属性栏

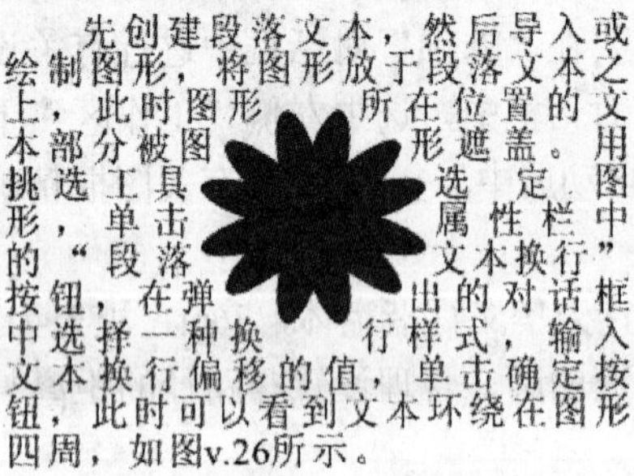

先创建段落文本，然后导入或绘制图形，将图形放于段落文本之上，此时图形所在位置的文本部分被图形遮盖。用挑选工具选定图形，单击属性栏中的"段落文本换行"按钮，在弹出的对话框中选择一种换行样式，输入文本换行偏移的值，单击确定按钮，此时可以看到文本环绕在图形四周，如图v.26所示。

图 6-26　轮廓图-跨式文本

先创建段落文本，然后导入或绘制图形，将图形放于段落文本之上，此时图形所在位置的文本部分被图形遮盖。用挑选工具选定图形，单击属性栏中的"段落文本换行"按钮，在弹出的对话框中选择一种换行样式，输入文本换行偏移的值，单击确定按钮，此时可以看到文本环绕在图形四周，如图v.26所示。

图 6-27　方形-跨式文本

如果使用泊坞窗设置图形的段落文本换行，则首先要调出对象属性泊坞窗，方法是选择"窗口"→"泊坞窗"→"属性"菜单项，然后单击"常规"标签，设置好换行样式和文本换行偏移值后，单击"应用"按钮。

文本换行偏移是指文本与图形之间的间距。

注意：不仅图形可以设置段落文本换行属性，文本本身（包括段落文本和美术文本）也可以设置段落文本换行属性。

6.4.2　文本链接

当段落文本的字数较多，在一个文本框中或一个页面中不能全部显示时，可以通过链接文本的方法，在另一个文本框中或另一个页面中显示余下的文本。

1. 同一页面中的文本链接

同一页面文本链接的方法如下：

选择要设置文本链接的段落文本，将鼠标移到文本框下方中间的图标  上，单击鼠标左键，在空白位置按下鼠标拖动画一个矩形区域，释放鼠标，即可建立另一个文本框，并将第

一个文本框中多出的文本显示在新建的文本框中。

或者在文本框下方中间的图标  上单击鼠标左键后，再单击一个已经画好的封闭图形，则在该图形中创建一个图形文本框，并将第一个文本框中多出的文本显示在图形文本框中。

图 6-28 是建立文本链接后的效果。

图 6-28　在文本框间建立链接

段落文本建立文本链接后，这些文本框中的文本就建立一种动态关系，当在前面的文本框中添加或删除文字时，会根据需要使文字自动地在两个（或多个）文本框中移动。

2．不同页面间的文本链接

不同页面间的文本链接与同一页面文本链接的方法类似，只是在建立链接时，切换到另外一页。

6.4.3　实例

本列主要利用文本工具制作图 6-29 和图 6-30 所示的段落文本排版。整个版面共两页，第 1 页由两个段落文本组成，第 2 页有一个分栏的段落文本。

图 6-29　段落文本排版第 1 页

图 6-30　段落文本排版第 2 页

制作步骤如下：

1）输入美术字"5.7　交互式透明工具"，设置合适的字体，字号，调整位置使其位于页面顶端的中间位置。

2）使用文本工具建立图 6-29 左侧的段落文本，输入图中所示的所有文字（包括图 6-29 和图 3.30 中的文字，也可以随便找一个文件，将其中的文字复制过来进行练习）。

3）建立文本链接。在文本框下方中间的图标 上单击，在右面的空白位置按下鼠标拖动创建另一个文本框。这时第一个文本框显示不下的文字就出现在新的文本框内。

4）导入图片"透明效果.jpg"，放在图 6-29 所示的位置。然后设置图片的段落文本换行样式为"方形－文本从左向右排列"，文本换行偏移设置为 2mm。

5）用挑选工具选择第一个文本框，设置首行缩进以及首字下沉效果，得到 6-29 所示的效果。

6）建立到第 2 页的文本链接。在图 6-29 右侧文本框下方中间的图标 上单击，然后在文档导航器上单击 按钮，添加第 2 页，在第 2 页按下鼠标拖动创建另一个文本框。这时前面文本框显示不下的文字就出现在第 2 页的文本框内。

7）将第 2 页的段落文本分成两栏，并将第 1 栏的宽度设置的宽一些。

8）导入图片"冻结透明效果.jpg"，放在图 6-30 所示的位置。然后设置图片的段落文本换行样式为"方形－文本从右向左排列"，文本换行偏移设置为 2mm。

6.5　知识补充

在 CorelDRAW 中，文本对象分为美术文本和段落文本，美术文本一般适合少量的文字。可以当作图形对象处理，段落文本适合大段的文字，大部分操作与其他文字处理软件类似。

除了文本编辑、排版的一般操作外，在 CorelDRAW 中还可以对文本作一些特殊处理，如文本沿路径排列、图形文本框、段落文本链接等。

　　另外，还可以将 CorelDRAW 中的文字转化为曲线，方法是选中文本后，选择"排列"→"转化为曲线"菜单项。文字转化为曲线后，变成了图形对象，即可对其施行各种图形操作。也可使用交互式封套工具为文本对象添加封套效果。

　　CorelDRAW X3 还提供了一些常用的符号字符，可以通过"插入字符"泊坞窗添加。选择"文本"→"插入符号字符"菜单项，即可调出"插入字符"泊坞窗，如图 6-31 所示。

　　在"插入字符"泊坞窗中选择 Webdings、Wingdings、Wingdings2、Wingdings3 这 4 种字体，可以找到很多特殊字符，例如，图 6-32 所示的几种字符。

图 6-31　插入字符泊坞窗　　　　　　　图 6-32　符号字符

　　对于文本，CorelDRAW X3 还提供了英文大小写转换、文本信息统计、拼写检查等工具，这些功能都可以在"文本"菜单下进行操作。

6.6　习题

1．选择题（可以多选）

（1）精确的设定字符间距的方法是_____。

　　A．在"段落格式化"泊坞窗的"字符间距"框中输入数值设定

　　B．用节点编辑工具调整

　　C．使用键盘调整

（2）下面不属于文字属性的内容是_____。

　　A．文字大小　　　　　B．文字的字体　　　C．文字的拼写检查

（3）美术字与段落文本的区别是_____。

　　A．段落文本用于编辑大文本块，美术字用来添加短行的文本

　　B．段落文本有文本框，美术字没有

　　C．段落文本可以设置字体

　　D．美术字可转为曲线

（4）使用"使文字适合路径"命令后，文字没有适合路径，可能因为_____。

    A. 文字是段落文本且路径是封闭的   B. 文字为美术文本

    C. 文字已转换为曲线   D. 路径上已有一段文字

（5）使用"形状工具"可以调整文本的_____。

    A. 行距   B. 字距   C. 字符的大小   D. 字符的位置

（6）创建美术文本正确的方法是_____。

    A. 用文本工具在"绘图窗口"内单击开始键入文本

    B. 用文本工具在绘图区拖一个区域并开始键入文本

    C. 双击文本工具输入文字

（7）首字下沉的正确操作方法是_____。

    A. 选择段落文本   B. 选择"文本"→"首字下沉"菜单项

    C. 选中"首字下沉"复选框   D. 输入首字下沉的其他参数

2. 填空题

（1）CorelDRAW X3 中有_____和_____两种文本格式。

（2）段落文本格式是在_____泊坞窗中设置的。

（3）在段落文本分栏对话框中，如果选择_____单选钮，则所有栏的宽度和栏间宽度之和应该等于文本框的宽度。

（4）图文混排可以通过设置_____的方法实现。

（5）段落文本建立_____后，这些文本框中的文本就建立一种动态关系，当在前面的文本框中添加或删除文字时，会根据需要使文字自动地在两个（或多个）文本框中移动。

（6）CorelDRAW X3 提供的符号字符可以通过_____泊坞窗添加。

第7章　透镜应用与图框剪裁

透镜效果是指通过改变对象外观或改变观察透镜下对象的方式，所取得的特殊效果。透镜效果可用于任何矢量对象，如矩形、椭圆、封闭路径或多边形等，也可以用于更改美术字和位图的外观。透镜效果用于改变透镜下方对象的显示方式，而不改变对象的实际属性。

图框精确剪裁是指将一个对象（称为内容对象）放置在另一个对象（称为容器对象）里。如果内容对象比容器对象大，内容对象看上去像是被剪裁为容器对象的大小，超出容器部分将不可见。

7.1　应用透镜效果

7.1.1　创建透镜效果

可以在"透镜"泊坞窗中方便地设置透镜效果。选择"窗口"→"泊坞窗"→"透镜"菜单项，或选择"效果"→"透镜"菜单项，或按快捷键<Alt+F3>，调出"透镜"泊坞窗，如图7-1所示。在泊坞窗的下拉列表中可以选择某种透镜效果。

在需要创建透镜效果的对象上画一个图形，如在图7-2所示的花上画一个矩形，选中该矩形，然后在透镜泊坞窗的下拉列表中选择"反显"，得到图7-3所示的效果。

图7-1　透镜泊坞窗　　　　图7-2　运用透镜效果前的图形　　　图7-3　"反显"透镜效果

在"透镜"泊坞窗的下拉列表中提供了多种透镜效果，如使明亮、颜色添加、放大、鱼眼等。可以根据需要选择适合的透镜类型。

7.1.2　设置透镜效果的参数

在"透镜"泊坞窗中，有三个复选框："冻结"、"视点"和"移除表面"。对于大多数透镜类型，都可以设置这三个选项，因此也称它们为公共参数。

1．冻结

选择"冻结"复选框后，可以将透镜下面的对象所产生的透镜效果添加成透镜的一部分，当透镜移动时，透镜下面的对象也复制一份与透镜一起移动。

例如，在图 7-4 中，对椭圆应用了"颜色添加"透镜效果，选择"冻结"复选框后，再将椭圆透镜移开得到图 7-5 所示的效果。

 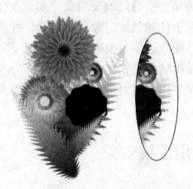

图 7-4 "颜色添加"透镜效果 　　　图 7-5 选择"冻结"后移开透镜

2．视点

选中"视点"复选框的作用是在不移动透镜的情况下，使显示在透镜下面的图形改变。

当选中"视点"复选框时，在其右边会出现一个"编辑"按钮，单击此按钮，则在透镜对象的中心会出现一个"×"标记，此标记代表透镜所观察对象的中心，拖动该标记到新的位置，单击"应用"按钮，可以改变透镜所观察对象的中心。将透镜所观察到对象的中心移动到左侧花朵中心，透镜所观察到的对象如图 7-6 所示。

选中"视点"复选框后，单击"编辑"按钮，透镜泊坞窗出现透镜所观察到对象的中心坐标，如图 7-7 所示，也可以输入这个坐标值而改变透镜所观察的对象的中心。

3．移除表面

选中"移除表面"选项，则只显示透镜下面有对象的部分，而透镜下面没有对象的部分不显示。

图 7-8 是将矩形应用"反显"透镜效果后，选中"移除表面"复选框的结果，与图 7-3 比较可以理解此复选框的作用。

 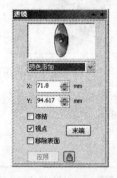 

图 7-6 拖动视点 　　　图 7-7 修改视点坐标 　　　图 7-8 选中"移除表面"复选框

注意：某些参数的改变，要单击"应用"按钮才能生效。

7.1.3 透镜的种类

在"透镜"泊坞窗的下拉列表中有 12 个选项，其中第一个是"无透镜效果"，选择该选项可以去除透镜效果，其他 11 个选项分别对应一种透镜效果。

1．使明亮

选择"使明亮"透镜效果后，在透镜泊坞窗中出现"比率"框，框中百分比的取值范围是-100～100，正值使对象增亮，负值使对象变暗。

2．颜色添加

该透镜效果可以为对象添加指定颜色。可以在泊坞窗的颜色列表中选择需要的颜色。"比率"框中的百分比的取值范围是 0～100。比率越大，透镜颜色越深。

3．色彩限度

使用该透镜效果，只允许透镜下面的黑色和透镜本身的颜色通过透镜，而透镜下面的其他颜色都转换为透镜的颜色。透镜的颜色可以在泊坞窗的颜色列表中选择。"比率"框中可设置转换为透镜颜色的比例，取值范围是 0～100。

4．自定义色彩图

选择该透镜效果，将透镜下方对象区域的所有颜色改为介于指定的两种颜色之间的一种颜色。可以选择这个颜色范围的起始色和结束色，以及这两种颜色的渐变方式，渐变在色谱（色谱是指可由任何设备再生成或识别的颜色范围）中的路径可以是直线、向前或向后。

5．鱼眼

"鱼眼"透镜效果可以使透镜下的对象产生扭曲的效果。通过改变"比率"框中的值来设置扭曲的程度，比率设置范围是-1000～1000，数值为正时向外突出，数值为负时向内下陷。

6．热图

使用"热图"透镜效果，通过在透镜下方的对象区域中模仿颜色的冷暖度等级，来创建红外图像效果。"调色板旋转"框中的数值用于控制颜色的冷暖程度，其范围是 0～100，色盘的旋转顺序为：白、青、蓝、紫、红、橙、黄。例如：调色板旋转为 0 时，冷色为白色，调色板旋转为 50 时，冷色大致为紫色。

7．反显

该透镜是通过按 CMYK 模式将透镜下对象的颜色转换为互补色，从而产生类似相片底片的特殊效果，互补色是色轮上互为相对的颜色。所谓色轮，就是在"填充"对话框的"混合器"选项卡中所显示的颜色圆环，如图 7-9 所示。图中直线一端白点位置的颜色就是直线另一端黑点位置颜色的互补色。

8．放大

应用该透镜可以产生放大镜一样的效果。在"数量"数值框中设置放大倍数。取值范围是 0.1～100。数值小于 1 为缩小，大于 1 为放大。

9．灰度浓淡

应用该透镜可以将透镜下的对象颜色转换成透镜色的灰度等效色。可以在"透镜"泊坞窗的颜色列表中为透镜选择颜色。

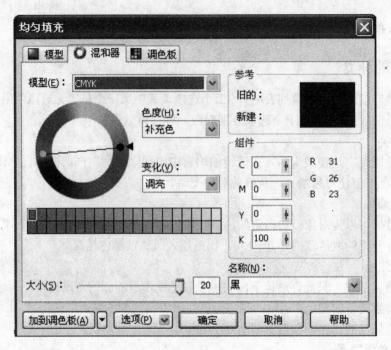

图 7-9 "均匀填充"对话框中的色轮

10. 透明度

应用该透镜时，就像透过有色玻璃看物体一样。在"比率"数值框中可以调节有色透镜的透明度，取值范围为 0%～100%。在"颜色"下拉框中可以选择透镜颜色。

11. 线框

应用该透镜时，可以用指定的轮廓色和填充色来显示透镜下面的对象。如果选中透镜泊坞窗中的"轮廓"复选框，则显示对象的轮廓，并可为轮廓指定填充色。选中"填充"复选框则显示对象的填充，并可以选择填充颜色。当然，如果不选中相应的复选框，则不显示对应的部分。

注意：如果透镜下面的对象无轮廓，即使在透镜泊坞窗中选中"轮廓"复选框，也不会显示透镜下面对象的轮廓。

7.1.4 透镜效果的复制和清除

1. 复制透镜效果

复制透镜效果与复制交互式效果类似。首先选中要添加透镜效果的对象，然后选择"效果"→"复制效果"→"透镜自"菜单项，再单击已经建立好透镜效果的对象，则已经建立的透镜效果被复制到要添加透镜效果的对象上。

也可以使用滴管和颜料桶工具复制透镜效果，方法与第 6 章介绍的复制交互式效果相同。

2. 清除透镜效果

要清除对象上的透镜效果，只需选中该对象，然后在透镜泊坞窗的下拉列表中选择"无透镜效果"即可。

7.1.5 实例

1. 足球

制作图 7-10 所示的足球。制作步骤如下:

图 7-10　足球

1) 使用多边形工具画正六边形,将轮廓颜色设置为黑色,宽度设置为 1mm。选择"排列"→"将轮廓转换为对象"菜单项,将六边形的轮廓从六边形分离出来,成为独立的对象。

2) 将上面的六边形复制,部分填充为黑色,并排列成图 7-11 所示的图案。

3) 使用椭圆工具绘制一个圆形,放在图 7-12 所示的位置。

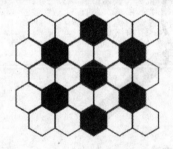

图 7-11　复制六边形并填充颜色

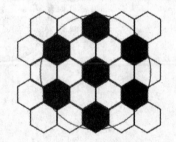

图 7-12　绘制圆形

4) 选择"窗口"→"泊坞窗"→"透镜"菜单项,打开透镜泊坞窗,为圆形设置透镜效果。透镜类型选择"鱼眼",比率设置为 100,效果如图 7-13 所示。

注意:这时发现图形中间的黑色六边形有一个白边,这是因为前面将轮廓从六边形分离出来,在添加鱼眼透镜效果时,轮廓与中间的六边形缩放比例不一致造成的。

5) 在透镜泊坞窗中选中"冻结"复选框,单击"应用"按钮,使用挑选工具将透镜拖到其他位置,效果如图 7-14 所示。

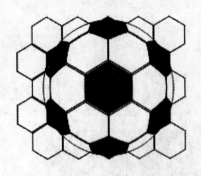

图 7-13　为圆形添加鱼眼透镜效果　　　　　　　图 7-14　将透镜冻结后移到另一处

6）在工具箱中选择艺术笔工具，在属性栏中单击"喷灌"按钮，在喷涂列表中选择 ，在页面中按下鼠标左键拖动，画出喷涂路径，将绘制好的足球放在草丛中，去除轮廓线，并将足球的排列顺序放在前面。如图 7-10 所示。

注意： 如果前面不将轮廓从六边形分离出来，去除轮廓线后，足球上连接黑块的线也被去掉。

2．放大镜

本实例利用基本形状工具和透镜工具制作图 7-15 所示的放大镜。

图 7-15　放大镜

制作步骤如下：

1）画镜框。使用椭圆工具画一个圆形，按下<Shift>键，缩小并复制一个，选中两个圆，单击属性栏的"结合"按钮，使用射线渐变填充，去除轮廓，如图 7-16 所示。

2）制作手柄接头。使用矩形工具画一个矩形，使用线性渐变填充，放在圆形的右边。然后将矩形复制一个，将高度缩小，宽度增加一点，放在原矩形的右侧，并将右边小矩形的排列顺序放在左边矩形的后面，如图 7-17 所示。

3）制作手柄内层。再画一个较长的圆角矩形，也使用线性渐变填充。放在前面所画小矩形的右面，如图 7-18 所示。

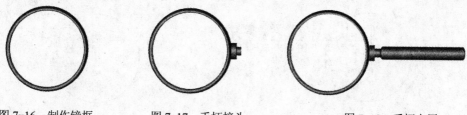

图 7-16　制作镜框　　　　图 7-17　手柄接头　　　　图 7-18　手柄内层

4）制作手柄外层。再画一个比圆角矩形短一些、高一点的矩形，也使用线性渐变填充。放在圆角矩形的上面，如图 7-19 所示。

图 7-19　手柄外层

为了使所画图形在垂直方向居中对齐，可以选择全部图形，按键盘上的字符"E"。

5）使用文本工具创建一个段落文本，并输入文字，可以使用较小的字体，将其排列在放大镜图形的后面（可将段落文本排列在图层的最后）。

6）制作放大镜镜片。画一个圆形，放在镜框内，大小恰好与镜框内侧一样，无填充，将其顺序排列在上一步所创建文本的前面。选中该圆形，选择"效果"→"透镜"菜单项，调出透镜泊坞窗，在透镜泊坞窗中选择透镜效果为放大，数量为 1.4。群组所有的图形对象，旋转一定角度，最终效果如图 7-15 所示。

7.2　图框精确剪裁

图框精确剪裁是指将一个对象（内容对象）放置在另一个对象（容器对象）里。如果内容对象比容器对象大，那么内容对象将被自动剪裁。只有适合容器对象的内容才是可见的。

7.2.1　创建图框精确剪裁

创建图框精确剪裁效果可以使用菜单操作，也可以使用鼠标操作。

1．使用菜单操作

首先使用挑选工具选中内容对象，然后选择"效果"→"图框精确剪裁"→"放置在容器中"菜单项，再单击作为容器的对象。

图 7-20 有两个对象，一个文本对象和一个圆形对象，将文本对象作为内容对象放置在圆形容器中的效果如图 7-21 所示。执行图框精确剪裁后，圆形之外的文字不再可见。

图 7-20　精确剪裁前　　　　　　　　　　　　图 7-21　精确剪裁后

2．使用鼠标操作

利用鼠标实现图框精确剪裁的方法是：在内容对象上按下鼠标右键，拖动到容器对象上，鼠标指针变成⊕形状，松开鼠标，在弹出的快捷菜单中选择"图框精确剪裁内部"菜单项，如图 7-22 和图 7-23 所示。

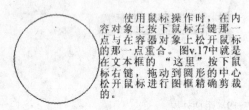

图 7-22　精确剪裁前　　　　　　　　　　　　图 7-23　精确剪裁后

使用鼠标操作时，在内容对象上按下鼠标右键那一点与在容器对象上松开鼠标的那一点重合。图 7-22 中就是在文本框的 "这里" 按下鼠标右键，拖动到圆形的中心松开鼠标进行图框精确剪裁的，因此，剪裁后文字"这里"正好位于圆心（如果不是这样，是由于设置了"新的图框精确剪裁内容自动居中"而造成的，参见下一段说明）。

3．使剪裁内容自动居中

如果要使内容对象在精确剪裁后，自动在容器对象中居中显示，可以在执行图框精确剪裁前，在"选项"对话框中设置。

选择"工具"→"选项"菜单项，弹出"选项"对话框，在左侧部分选择"编辑"，右侧出现编辑选项内容，选中"新的图框精确剪裁内容自动居中"复选框，则以后再进行图框精确剪裁操作，内容对象就会自动在容器对象中居中显示。

7.2.2　编辑与提取内容对象

1．编辑内容对象

创建图框精确剪裁效果后，如果觉得不合适，还可以进行调整，方法如下：

选择图框精确剪裁对象，选择"效果"→"图框精确剪裁"→"编辑内容"菜单项，或者在图框精确剪裁对象上单击鼠标右键，在弹出的快捷菜单中选择"编辑内容"菜单项，内容对象将全部显示出来，如图 7-24 所示。

这时可以对内容对象进行各种编辑，如移动位置、改变形状和颜色。对于文本，也可以添加文字、删除文字或改变字体等，如图 7-25 所示。

编辑结束后，选择"效果"→"图框精确剪裁"→"结束编辑"菜单项，或者在图框精确剪裁对象上单击鼠标右键，在弹出的快捷菜单中选择"结束编辑"菜单项，效果如图 7-26 所示。

使用鼠标操作时，在内容对象上按下鼠标右键那一点与在容器对象上松开鼠标的那一点重合。图v.17中就是在文本框的"这里"按下鼠标右键，拖动到圆形的中心松开鼠标进行图框精确剪裁的。

图 7-24　进入编辑状态　　　　图 7-25　编辑之后的文本　　　　图 7-26　结束编辑

2. 提取内容对象

所谓提取内容对象，就是将内容对象从容器对象中分离出来，也就是取消图框精确剪裁效果。方法是先选择图框精确剪裁对象，然后选择"效果"→"图框精确剪裁"→"提取内容"菜单项，或在图框精确剪裁对象上单击鼠标右键，在弹出的快捷菜单中选择"提取内容"菜单项。提取内容后，内容对象与容器对象又成为独立的两个对象。

7.2.3　内容对象的锁定与解锁

将内容对象精确剪裁到容器对象后，默认状态下，内容对象处于锁定状态，这时对图框精确剪裁对象编辑时，如改变形状、改变大小、移动位置等，内容对象会与容器对象一起变化。如果不想使内容对象同时发生变化，可以将内容对象解锁。

锁定与解锁的方法是在图框精确剪裁对象上单击鼠标右键，弹出如图 7-27 所示的快捷菜单，选择"锁定图框精确剪裁的内容"菜单项。该菜单为开关菜单，当菜单项左侧的图标处于按下状态为锁定状态，抬起时为解锁状态，每选择一次，其状态就改变一次。

图 7-28 是在锁定内容对象后，对图框精确剪裁对象分别施行旋转和变形处理后的效果，图 7-29 是在解锁内容对象后，对图框精确剪裁对象分别施行旋转和变形处理后的效果。对比发现锁定后内容对象与容器对象同时旋转或变形，而在解锁状态时，不论是容器对象旋转还是改变形状，内容对象都保持不变。

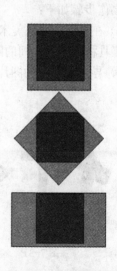

图 7-27　快捷菜单　　　　　图 7-28　锁定内容对象　　　　图 7-29　解锁内容对象

7.2.4 复制内容对象

将某个对象精确剪裁到容器中后，可以将容器中的内容对象复制到另一个容器中。

方法是选择新的容器对象，选择"效果"→"复制效果"→"图框精确剪裁自"菜单项，单击要复制的图框精确剪裁对象，则原图框精确剪裁对象中的内容被复制到新的容器对象中。

也可以使用滴管工具复制图框精确剪裁效果，具体操作方法可参考 5.8 节的内容。

注意：如果在"选项"对话框中没有选中编辑选项中的"新的图框精确剪裁内容自动居中"复选框，则在新的容器中可能看不到内容对象，这时可以通过编辑内容对象的方法将内容对象移到容器中。

7.2.5 实例

给文字填充图案，本实例使用图框精确剪裁技术和交互式立体化工具制作图 7-30 所示的立体化图案文字。

图 7-30　填充图案的立体字

制作步骤如下：

1）在页面中输入美术文本"竹林"，选择"华文行楷"字体，将字号设置为 200pt。使用形状工具将两个字之间的距离调小一些，如图 7-31 所示。

2）导入素材中的图片"竹林.jpg"，如图 7-32 所示。

图 7-31　输入文本

图 7-32　导入的图片

3）在导入的图片上按下鼠标右键，拖动到文本"竹林"之上释放鼠标，在弹出的快捷菜单中选择"图框精确剪裁内部"菜单项，将图片置入文本容器中，如图 7-33 所示。

图 7-33　图片置入文本容器中

4）如果图片放置的位置不合适，可以在文本上单击鼠标右键，在弹出的快捷菜单中选择"编辑内容"菜单项，调整图片的位置。

5）使用交互式立体化工具为文本"竹林"添加立体效果，最终结果如图 7-40 所示。

7.3　创建透视效果

通过缩短对象的一边或两边，可以创建透视效果。这种效果使对象看起来像是沿一个或两个方向后退，从而产生单点透视或两点透视效果。

7.3.1　添加透视点

添加透视点的操作如下：

选择要添加透视效果的图形对象，然后选择"效果"→"添加透视"菜单项，对象周围出现具有 4 个节点的红色虚线网格，称之为透视网格，如图 7-34 所示。拖动节点即可以创建透视效果。

如果按下〈Ctrl〉键再拖动节点，则只能沿水平方向或垂直方向拖动，这样创建的是单点透视效果，如图 7-35 所示；如果同时按下〈Ctrl〉键和〈Shift〉键再拖动节点，则对应的节点同时向相反的方向移动，称之为对称单点透视，如图 7-36 所示；如果不按下〈Ctrl〉键，则可以向任意方向拖动节点，这样创建的就是两点透视效果，如图 7-37 所示。

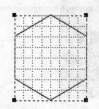　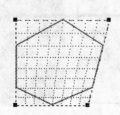　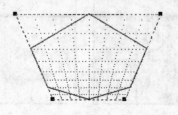　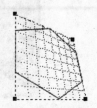

图 7-34　透视网格　　图 7-35　单点透视　　图 7-36　对称单点透视　　图 7-37　两点透视

7.3.2 编辑透视效果

对于添加了透视效果的对象，如果要修改透视效果，可以先选择该对象，然后选择工具箱中的形状工具，对象上的透视网格又会显示出来，可以继续拖动节点以改变透视效果。

如果要取消对象上的透视效果，可以选择要取消透视效果的对象，再选择"效果"→"清除透视点"菜单项。

7.3.3 实例

本实例主要利用图框精确剪裁技术和添加透视效果制作图 7-38 所示的魔方。

图 7-38　魔方

制作步骤如下：

1）选择图纸工具，在属性栏中设置图纸的行数和列数均为 3，按下<Ctrl>键画一个三行三列的方形图纸，轮廓设置为黑色，填充为绿色。然后将图纸图形复制两个，分别填充为黄色和红色，放在一边。

2）导入（或复制）素材文件"动物.cdr"中的三个动物图片。当然也可以复制自己喜欢的图片，但一定是矢量图片，否则不能添加透视点。

3）将三个动物分别放在三个图纸对象上面，调整大小，使动物图形比图纸图形稍小一点，如图 7-39 所示。

图 7-39　将动物图片放在图纸上

4）分别为动物和图纸图形添加透视点，以得到魔方上面和侧面的效果。以魔方上面为例，首先为图纸图形添加透视点，为了能够精确地设置透视点的位置，可以使用辅助线，如图 7-40 所示。然后再为动物添加透视点，如图 7-41 所示。按同样的方法为右侧图形添加透视效果。

图 7-40　为上面图纸添加透视效果

图 7-41　为上面动物添加透视效果

5）使用图框精确剪裁方法，将三个动物图片分别放在对应的图纸容器中。选中所有的图形群组。

6）用交互式透明工具为魔方添加一个射线透明效果。中心透明度可以设置为 80%～90%，得到图 7-38 所示的最终效果。

7.4　创建斜角效果

斜角效果也是一种立体化效果，在 CorelDRAW X3 中可以为矢量图形和美术文本对象添加斜角效果。在为对象添加斜角效果之前，要对矢量对象进行填充，无填充的对象不能创建斜角效果。

7.4.1　创建斜角效果

为矢量图形创建斜角效果可以通过"斜角"泊坞窗完成。选择"效果"→"斜角"菜单项，或选择"窗口"→"泊坞窗"→"斜角"菜单项，可以调出"斜角"泊坞窗，如图 7-42 所示。

选择要添加斜角效果的矢量图形，在"斜角"泊坞窗中设置好参数，单击"应用"按钮，即可为图形对象创建斜角效果。

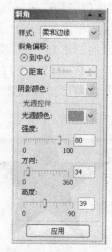
图 7-42　"斜角"泊坞窗

7.4.2 斜角泊坞窗中各参数的设置

1．样式

样式即斜角的类型，有两种样式供选择：柔和边缘和浮雕。柔和边缘创建在表面建立斜角的效果，浮雕则创建浮雕外观效果。两种样式的效果如图 7-43 和图 7-44 所示。

2．斜角偏移

斜角偏移指斜面的大小，"到中心"选项使斜面从图形边界一直到图形中心，图 7-43 就是选择"到中心"选项的效果，浮雕样式不能选择"到中心"选项；"距离"选项可以指定斜面大小的具体数值或浮雕阴影与原图形的位移量，可以在其右面的数值框中输入一个合适的值，图 7-45 是斜角偏移 4.5mm 的效果。

图 7-43　柔和边缘效果　　　　图 7-44　浮雕效果　　　　图 7-45　斜角偏移 4.5mm

3．光源控制

光源颜色：指定光源的颜色，光照面的颜色由图形本身的颜色与光源颜色混合而成。

强度：指定光源的强度，范围从 0～100 逐渐增强。

方向：指定光源的方向，范围从 0°～360°。例如，光源从右则照射过来为 0°，光源从上方照射过来为 90°，光源从左侧照射过来为 180°，光源从下方照射过来为 270°。

高度（角度）：可以认为是光源与图形平面的夹角，范围从 0°～90°。当值为 0° 时，光源在绘图平面，此时几乎有 1/2 的斜面得不到光照，成为阴影部分。当值为 90° 时，光源在绘图平面的正上方，基本上可以照射到图形的任何位置。图 7-46～图 7-48 的光源高度（角度）分别为 0°、30° 和 60°。光源高度值越大，阴影越小。

对于浮雕形斜角效果，不能设置"高度"参数。

图 7-46　光源高度为 0　　　　图 7-47　光源高度为 30　　　　图 7-48　光源高度为 60

4．阴影颜色

"阴影颜色"选项用于指定斜角阴影部分的颜色。

7.5 习题

1．选择题（可以多选）

（1）打开透境泊坞窗的快捷键是_____。

    A．Alt+E   B．Alt +B   C．Alt +F9   D．Alt +F3

（2）使用"图框精确剪裁"时，可以作为"容器"的对象是_____。

    A．多边形   B．网格图形   C．螺旋线   D．段落文本

（3）在 CorelDRAW X3 中有_____种透镜效果。

    A．10   B．11   C．12   D．13

（4）透镜能作用的对象有_____。

    A．矩形   B．美术字   C．艺术笔   D．立体化对象

（5）在透镜泊坞窗中，为透镜选择了"冻结"复选框后，_____。

    A．透镜与其下面的对象冻结在一起，只能一起移动

    B．将透镜下面的对象所产生的透镜效果添加成透镜的一部分，当透镜移动时，透镜下面的对象也复制一份与透镜一起移动

    C．透镜不能再移动

    D．透镜下面的对象不能移动

（6）如果要使内容对象在图框精确剪裁后，自动在容器对象中居中显示，正确的操作是_____。

    A．先选择内容对象，再选择"效果"→"居中放置在容器中"菜单项

    B．使用鼠标右键将内容对象拖到容器对象上

    C．在执行图框精确剪裁前，在"选项"对话框中设置

    D．先将容器对象的属性设置为居中对齐，再进行图框精确剪裁操作

（7）将内容对象精确剪裁到容器对象后，如果将内容锁定，_____。

    A．内容对象随容器对象的移动而移动

    B．容器对象移动时，内容对象不动

    C．容器对象改变形状时，内容对象也一起改变

    D．容器对象旋转时，内容对象也一起旋转

（8）精确剪裁后，看不到内容对象是由于_____。

    A．内容对象的排列顺序在容器对象之后

    B．内容对象没有自动居中

    C．内容对象没有与容器对象重叠的部分

2．填空题

（1）透镜效果用于改变透镜下方对象的_____，而不改变对象的_____。

（2）透镜的"视点"位置就是透镜_____所看到的位置。

（3）选中透镜的_____选项，则只显示透镜下面有对象的部分，而透镜下面没有对象的部分不显示。

（4）在添加透视效果时，如果按下〈Ctrl〉键再拖动节点，则只能沿水平方向或垂直方向拖动，这样创建的是_____透视效果；如果同时按下〈Ctrl〉键和〈Shift〉键再拖动节点，则对应的节点同时向相反的方向移动，称之为_____透视。

第8章 位图处理

按图像的存储方式，可以将其分成点阵图和矢量图两类。点阵图也叫位图，是由像素点组成的图形，这些像素点按照一定的顺序结合在一起形成图像。将位图放大会使图像变得模糊。矢量图是由决定所绘制线条的位置、长度和方向的数学描述生成的图像，它是作为线条的集合，而不是作为个别点或像素的图样创建的。将矢量图放大或缩小，不会改变其精度。

CorelDRAW 不仅可以用于矢量图形的设计，也提供了对位图进行各种特殊效果处理的功能，如位图的颜色遮罩功能和位图的滤镜功能等。

8.1 位图的基本操作

8.1.1 导入位图

要对位图进行各种编辑，首先要将其导入到 CorelDRAW 中。要导入位图，可以选择"文件"→"导入"菜单项，或单击"导入"按钮 ，打开图 8-1 所示的"导入"对话框。

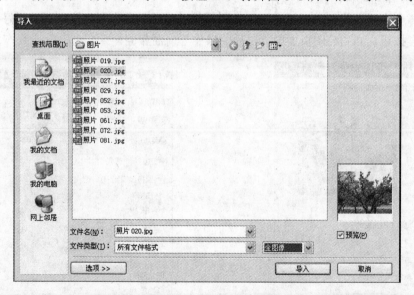

图 8-1 "导入"对话框

在"导入"对话框中选择需要的文件，如果对话框右下角的"预览"复选框被选中，可以在预览窗口中预览所选的图像。在"导入"按钮的上方有一个下拉框，其中有三个选项，分别是"全图像"、"裁剪"和"重新取样"。

如果在列表中选择"全图像"，则单击"导入"按钮后，将关闭"导入"对话框，回到绘图页面，在页面上单击鼠标左键，则整个位图图像会以原来大小导入到页面中。也可以在页面上某点按下鼠标左键，拖动画出一个虚框，如图 8-2 所示，松开鼠标，位图被压缩（或放大）到虚框的大小导入到页面中，如图 8-3 所示。

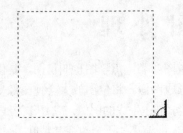

图 8-2　拖动鼠标画出虚框

图 8-3　导入的位图

如果在"导入"对话框的下拉框中选择"裁剪"，单击"导入"按钮，则弹出如图 8-4 所示的"裁剪图像"对话框。

在"裁剪图像"对话框中可对图像进行裁剪，既可以使用鼠标拖动图像四周的黑色小方块框选所需要的图像部分，也可以直接在"选择需要裁剪的区域"中输入要裁剪图像的左上角坐标和图像的宽度和高度，然后单击"确定"按钮，回到绘图页面，以下操作与选择"全图像"后面的操作相同，结果是将图像裁剪后导入。

如果在"导入"对话框的下拉框中选择"重新取样"，单击"导入"按钮，则弹出如图 8-5 所示的"重新取样图像"对话框。

在"重新取样图像"对话框中可以设置图像导入后的大小和分辨率。设置好参数后，单击"确定"按钮，回到绘图页面中，以后的操作与前面相同。

图 8-4　"裁剪图像"对话框

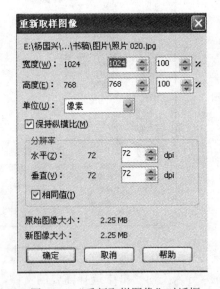

图 8-5　"重新取样图像"对话框

8.1.2　编辑位图

将位图导入到绘图页面后，可以对位图进行裁剪、重新取样和调整大小等操作。

156

1．裁剪位图

裁剪用于删除不想要的部分图像。若要将位图裁剪成矩形，可以使用"裁剪"工具。有关裁剪工具使用的详细介绍，请参阅第 2 章 "图形的编辑"一节。

若要将位图裁剪成不规则形状，可以使用"形状"工具和"位图"→"裁剪位图"菜单项。选中要处理的位图，选择形状工具，位图周围出现 4 个节点和蓝色的虚框。可以拖动角上的节点，还可以改变节点的属性（直线、曲线、平滑、尖突等），在虚框上添加节点，或删除节点，如图 8-6 所示（具体操作请参阅第 2 章）。虚框调整结束后，选择"位图"→"裁剪位图"菜单项，完成位图的裁剪。

位图裁剪后，看到的虽然是一个任意形状的图形，实际上保存的仍然是一个矩形区域，只是蓝色边界之外的区域是看不见的，这可以通过使用形状工具再将蓝色虚框扩大加以验证，如图 8-7 所示。

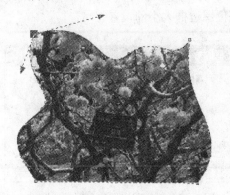

图 8-6 使用形状工具剪裁图像

图 8-7 将蓝色虚框再扩大

2．重新取样

对位图重新取样时，可以通过添加或移除像素更改图像的大小、分辨率或同时更改两者。如果未重新取样就放大图像（拖动位图周围称为手柄的黑色小方块），可能会丢失细节，这是因为图像的像素分布在更大的区域中。通过重新取样，可以增加像素以保留原始图像的更多细节。

使用挑选工具选中位图，选择"位图"→"重新取样"菜单项，打开"重新取样"对话框，如图 8-8 所示。

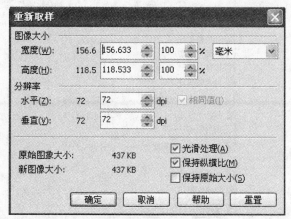

图 8-8 "重新取样"对话框

在"重新取样"对话框中，可以设置图像的宽度、高度，以及分辨率。选中"光滑处理"复选框，可以尽量使曲线平滑，选中"保持原始大小"复选框，使位图所占字节不变，此时如果扩大位图，其分辨率自动减小，如果增大分辨率，位图也会自动缩小。

3．扩充位图边框

在默认情况下，位图的边框恰好与位图大小一样，如果边框比位图大，可以看到位图四周白色的边框，如图8-9所示（为了看到这个白色的边框，图中将背景改变为非白色了）。

位图边框大小的调整有两种方式，即自动扩充位图边框和手动扩充位图边框。自动扩充位图边框是指当位图大小变化时，其边框也自动跟随位图调整大小。可以通过菜单"位图"→"扩充位图边框"→"自动扩充位图边框"来设置。

手动扩充位图边框是指为位图指定边框的大小，可以选择"位图"→"扩充位图边框"→"手动扩充位图边框"菜单项，弹出图8-10所示的"位图边框扩充"对话框。在该对话框中设置好边框大小后，单击"确定"按钮，完成位图边框大小的设置。

图8-9 位图边框

图8-10 "位图边框扩充"对话框

8.2 位图颜色调整

位图颜色调整包括调整位图的色度、亮度、对比度和饱和度等。通过应用颜色和色调效果，可以恢复阴影或高光中丢失的细节，校正曝光不足或曝光过度，提高位图质量。调整位图的颜色可以通过"效果"→"调整"子菜单中的菜单项进行。"效果"→"调整"子菜单所包含的菜单项如图8-11所示。

图8-11 调整子菜单

图 8-11 中的每一个菜单项对应一种调整效果。选中要调整颜色的位图，然后选择图 8-11 中的某个菜单项，弹出相应的对话框，在对话框中设置相关参数，单击对话框中的"确定"按钮，为选中的位图调整颜色。

8.2.1 各种颜色调整的含义

在这些颜色调整效果的操作中，有很多有关图像处理的专业术语，初次接触不太容易理解，可以通过在实践中观察实际效果逐渐体会，下面只对这些调整效果作一个简单的介绍。

1. 高反差

高反差主要用于在保留阴影和高亮度显示细节的同时，调整色调、颜色和位图对比度。

2. 局部平衡

局部平衡用来提高边缘附近的对比度，以显示明亮区域和暗色区域中的细节。可以在此区域周围设置高度和宽度来强化对比度。

3. 取样/目标平衡

取样/目标平衡也称为样本/目标平衡，可以使用从图像中选取的色样来调整位图中的颜色值。可以从图像的黑色、中间色调以及浅色部分选取色样，并将目标颜色应用于每个色样。

4. 调合曲线

调合曲线用来通过控制各个像素值来精确地校正颜色。通过更改像素亮度值，可以改变阴影、中间色调和高光。

5. 亮度/对比度/强度

亮度/对比度/强度可以调整所有颜色的亮度以及明亮区域与暗色区域之间的差异。

6. 颜色平衡

颜色平衡用来将青色或红色、品红或绿色、黄色或蓝色添加到位图选定的色调中。

7. 伽玛值

伽玛值用来在较低对比度区域强化细节而不会影响阴影或高光。

8. 色度/饱和度/亮度

色度/饱和度/亮度用来调整位图中的色频通道，并更改色谱中颜色的位置。这种效果可以更改颜色及其浓度，以及图像中白色所占的百分比。

9. 所选颜色

所选颜色通过更改位图中红、黄、绿、青、蓝和品红色谱的 CMYK 印刷色百分比更改颜色。例如，降低红色色谱中的品红色百分比会使颜色偏黄。

10. 替换颜色

替换颜色允许使用一种位图颜色替换另一种位图颜色。会创建一个颜色遮罩来定义要替换的颜色。根据设置的范围，可以替换一种颜色或将整个位图从一个颜色范围变换到另一颜色范围。还可以为新颜色设置色度、饱和度和亮度。

11. 取消饱和

取消饱和用来将位图中每种颜色的饱和度降到零，移除色度组件，并将每种颜色转换为与其相对应的灰度。

12. 通道混合器

通道混合器用来混合色频通道以平衡位图的颜色。例如，如果位图颜色太红，可以调整

RGB 位图中的红色通道以提高图像质量。

8.2.2 颜色调整的操作方法

以上 12 种颜色调整的具体操作方法类似。下面以"高反差"和"取样/目标平衡"两种效果为例介绍各种效果的操作方法。

1. 高反差

选择"效果"→"调整"→"高反差"菜单项，弹出图 8-12 所示的"高反差"对话框。

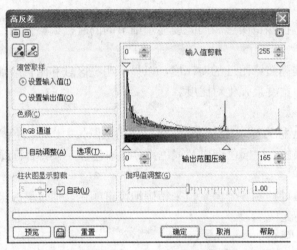

图 8-12 "高反差"对话框

单击"高反差"对话框左上角的 ▣ 按钮，在对话框的上方出现两个窗口，分别显示调整前和调整后位图的效果，如图 8-13 所示。其中左侧显示的是调整前的位图，右侧窗口用于显示调整后的位图。设置好参数后，单击"预览"按钮，即可在右侧窗口看到调整后的效果。

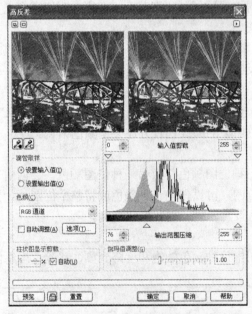

图 8-13 对比显示调整前后的位图

在"高反差"对话框中，主要通过设置"输入值剪裁"和"输出压缩范围"来控制调整效果。有三种方式设置这 4 个值：拖动控制范围的滑块、修改微调框中的值、通过滴管取样设置。

前两种方式比较简单，下面介绍使用滴管取样方式设置这组值。

选中"设置输入值"单选钮，单击黑色滴管按钮 🖋，在调整前位图的某点单击，则该点的颜色即被设置为"输入值剪裁"的起始颜色。单击白色滴管按钮 🖋，在调整前位图的某点单击，则该点的颜色即被设置为"输入值剪裁"的终止颜色。

同样选中"设置输出值"单选钮，则可以设置"输出范围压缩"的起始值和终止值。

在"颜色"下拉框中有 4 个选项，RGB 通道、红色通道、绿色通道和蓝色通道，表示对哪种颜色进行设置。

可以这样理解高反差效果的作用：例如，选择绿色通道，输入值剪裁设置为 50~100，输出范围压缩设置为 150~200，就是只选取原图中绿色强度为 50~100 的色彩，将其转换到输出图形的绿色强度为 150~200，而原图绿色分量小于 50 或大于 100 的被忽略。

例如，导入素材中的"烟花.JPG"，如图 8-14 所示，然后对其进行高反差处理，将红色通道和蓝色通道的"输出范围压缩"都设置为 0~130，而输入值剪裁都保持原来的值 0~255，得到图 8-15 所示的效果。从图中可以发现红色分量和蓝色分量明显减少。

图 8-14　导入位图

图 8-15　高反差处理

2．取样/目标平衡

选择"效果"→"调整"→"取样/目标平衡"菜单项，弹出图 8-16 所示的"取样/目标平衡"对话框。

"取样/目标平衡"对话框与"高反差"对话框类似，上面的两个图像是位图变化前后的对比。

取样/目标平衡使用从图像中选取的色样来调整位图中的颜色值。在左侧下方有三排颜色框 ⬛⬛⬛，从上到下分别代表暗色、中间色和亮色。单击左侧的滴管按钮 🖋，在图片中吸取要调整的颜色，吸取的颜色会出现在其右侧的示例颜色框中。

然后再单击其右侧的目标颜色框，会出现选择颜色对话框，在该对话框中选择一种颜色，单击"确定"按钮，则选择的颜色出现在该目标颜色框中，表示将位图中的示例颜色用目标颜色替换。

设置好后，单击"确定"按钮，得到调整后的效果。

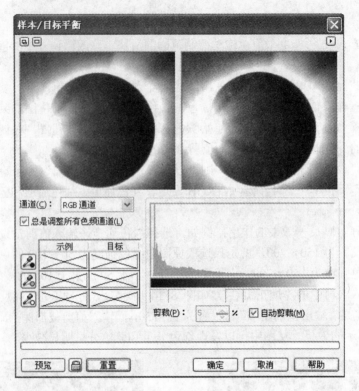

图 8-16 "取样/目标平衡"对话框

例如，导入素材中的"日食.jpg"，如图 8-17 所示。选中该图片，选择"效果"→"调整"→"取样/目标平衡"菜单项，在弹出的"取样/目标平衡"对话框中设置示例颜色框的颜色与目标颜色框的颜色，如图 8-18 所示。将原位图的黑色替换为红色，原位图中的白色替换为黄色。设置好后单击"确定"按钮，得到的效果如图 8-19 所示。

图 8-17 导入位图

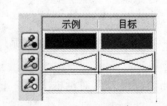

图 8-18 设置颜色

图 8-19 取样/目标平衡处理

其他效果的调整与上面两种效果类似，不再逐一介绍。

8.2.3 位图颜色遮罩

使用位图颜色遮罩功能可以隐藏或显示位图中指定的颜色。下面以一个具体的例子来说明如何实现位图颜色遮罩。

具体操作如下：

具体操作如下：

1）导入素材中的"硬笔书法.jpg"和"钢笔.jpg"。将钢笔放在硬笔书法的上面，并旋转一定的角度，如图 8-20 所示。

2）选择"位图"→"位图颜色遮罩"菜单项，打开"位图颜色遮罩"泊坞窗，如图 8-21 所示。

3）选择钢笔位图，然后选中"位图颜色遮罩"泊坞窗中的"隐藏颜色"单选钮，单击颜色列表中的第一个复选框，使其处于选中状态。单击复选框右侧的色条，再单击"位图颜色遮罩"泊坞窗中的"颜色选择"按钮 ✎，在钢笔位图的白色区域单击，泊坞窗中第一个复选框后面的色条变为白色，表示要隐藏白色。将"位图颜色遮罩"泊坞窗中的"容限"设置为 15%。

4）单击"应用"按钮，钢笔位图中的白色区域被隐藏起来，如图 8-22 所示。

图 8-20　导入位图　　　　图 8-21　位图颜色遮罩泊坞窗

图 8-22　隐藏钢笔的白色

上面只隐藏了钢笔位图中的白色，在"位图颜色遮罩"泊坞窗中也可以隐藏多种颜色，方法是选中颜色列表中的多个复选框，并设置颜色。

颜色的设置除了使用"颜色选择"按钮 ✎ 外，还可以单击泊坞窗中的"编辑颜色"按钮 🖉 来实现。单击该按钮，弹出"选择颜色"对话框，在该对话框中选择一种颜色，然后单击对话框中的"确定"按钮。

"容限"百分比越高，隐藏颜色的范围越广，其含义是表示要隐藏所选颜色附近的一个颜色范围。

如果在"位图颜色遮罩"泊坞窗中选中"显示颜色"单选钮，则设置要显示的颜色。

单击泊坞窗中的"移除遮罩"按钮 🗑 可去除遮罩。

8.3　位图滤镜

使用 CorelDRAW 提供的滤镜功能可以为位图添加各种特殊效果。在 CorelDRAW X3 中提供了 10 组滤镜，分别是"三维效果"、"艺术笔触"、"模糊"、"相机"、"颜色变换"、"轮廓图"、"创造性"、"扭曲"、"杂点"、"鲜明化"，且每组滤镜又包含多种效果。

为位图添加滤镜效果时，可以使用"位图"菜单中相应的菜单项。

8.3.1　三维效果

利用三维效果滤镜可以创建三维纵深感的效果，如浮雕、卷页和透视效果等。

在"位图"→"三维效果"子菜单中包含 7 个菜单项，表示有 7 种三维效果滤镜。下面以浮雕效果为例介绍三维效果滤镜的操作方法。

图 8-23　导入位图

1）导入素材中的"桃花.jpg"，并调整位图的大小，如图 8-23 所示。

2）选中导入的图片，选择"位图"→"三维效果"→"浮雕"菜单项，弹出图 8-24 所示的"浮雕"对话框。如果对话框上方显示两个图片的窗口没有出现，与前面介绍的"高反差"对话框一样，可以单击对话框左上角的 按钮，使其出现。

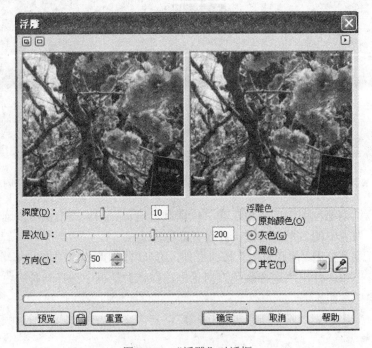

图 8-24　"浮雕"对话框

3）在"浮雕"对话框中设置参数。将深度设置为 10，层次设置为 200，方向设置为 50，浮雕色选择"灰色"，单击"预览"按钮，可在对话框右上角的窗口观察效果。单击"确定"按钮，得到浮雕效果，如图 8-25 所示。

可以在图 8-25 的基础上为图片再添加卷页效果，如图 8-26 所示。

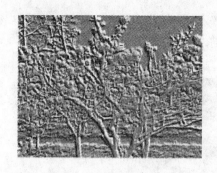

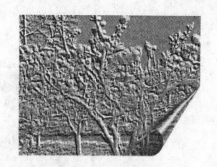

图 8-25 浮雕效果   图 8-26 卷页效果

8.3.2 艺术笔触

　　利用艺术笔触滤镜可以为图片添加手工绘画的效果，包括蜡笔、印象派、彩色蜡笔、水彩画以及钢笔画等。

　　在"位图"→"艺术笔触"子菜单中包含 14 个菜单项，表示有 14 种艺术笔触效果滤镜。下面以素描效果为例介绍艺术笔触效果滤镜的操作方法。

　　1）导入素材中的"人物.jpg"，并调整位图的大小，如图 8-27 所示。

　　2）选中导入的图片，选择"位图"→"艺术笔触"→"素描"菜单项，弹出图 8-28 所示的"素描"对话框。

图 8-27 导入位图

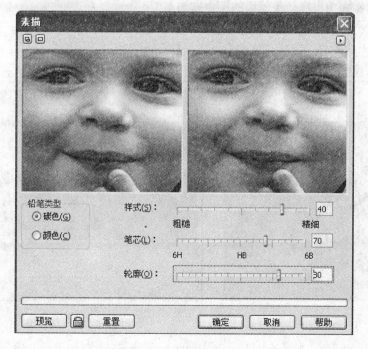

图 8-28 "素描"对话框

3）在"素描"对话框中设置参数。铅笔类型选择"碳色"，样式设置为40，笔芯设置为70，轮廓设置为80。单击"确定"按钮，得到素描效果，如图8-29所示。

图 8-29 素描效果

8.3.3 模糊

模糊滤镜使图像模糊，以模拟渐变、移动或杂色效果，包括高斯式模糊、动态模糊和缩放模糊等。

在"位图"→"模糊"子菜单中包含9个菜单项，表示有9种模糊效果滤镜。下面以放射式模糊效果为例介绍模糊效果滤镜的操作方法。

1）导入素材中的"花.jpg"，并调整位图的大小，如图8-30所示。

2）选中导入的图片，选择"位图"→"模糊"→"放射式模糊"菜单项，弹出图 8-31 所示的"放射状模糊"对话框。

图 8-30 导入位图

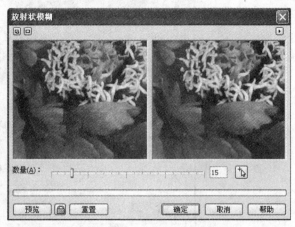

图 8-31 "放射状模糊"对话框

3）在"放射状模糊"对话框中设置参数。将数量设置为 15，单击"确定"按钮，得到放射式模糊效果，如图8-32所示。

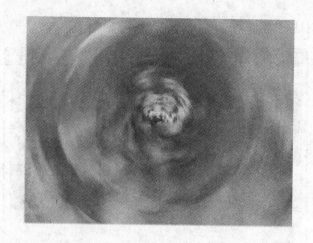

图 8-32　放射式模糊效果

8.3.4　相机

相机滤镜模仿照相机，使位图产生散光等效果，使图像模糊。

在"位图"→"相机"子菜单中只包含 1 个菜单项"扩散"，因此只有一种相机滤镜效果，即扩散。

相机滤镜效果的参数设置很简单，这里不再介绍。

8.3.5　颜色变换

颜色变换可以通过减少或替换颜色来创建摄影幻觉效果。这些效果包括位平面、半色调、梦幻色调和曝光效果。下面以半色调效果为例介绍颜色变换效果滤镜的操作方法。

1）导入素材中的"狮虎.jpg"，并调整位图的大小，如图 8-33 所示。

图 8-33　导入图片

2）选中导入的图片，选择"位图"→"颜色变换"→"半色调"菜单项，弹出图 8-34

所示的"半色调"对话框。

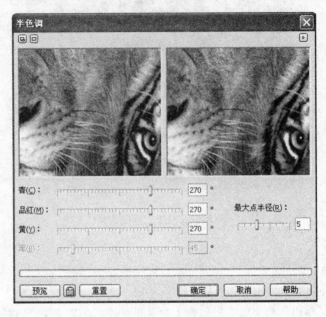

图 8-34 "半色调"对话框

3）在"半色调"对话框中设置参数。将青、品红和黄都设置为 270，最大点半径设置为 5，单击"确定"按钮，得到半色调效果，如图 8-35 所示。

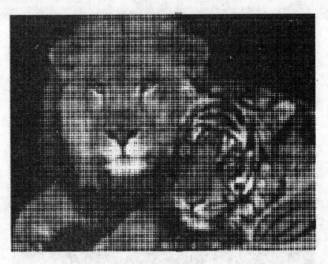

图 8-35 半色调效果

8.3.6 轮廓图

轮廓图用来突出显示和增强图像的边缘。轮廓图效果包括边缘检测、查找边缘等。下面以查找边缘为例介绍轮廓图滤镜的操作方法。

1）导入素材中的"莲花.jpg"，并调整位图的大小，如图8-36所示。

2）选中导入的图片，选择"位图"→"轮廓图"→"查找边缘"菜单项，弹出图 8-37 所示的"查找边缘"对话框。

图8-36　导入图片

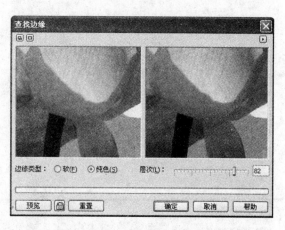

图8-37　"查找边缘"对话框

3）在"查找边缘"对话框中设置参数。边缘类型选择"纯色"，将层次设置为82，单击"确定"按钮，得到查找边缘效果，如图8-38所示。

图8-38　查找边缘效果

8.3.7　创造性

创造性可以对图像应用各种底纹和形状。创造性效果包括布纹、玻璃块、水晶碎片、旋涡、彩色玻璃和虚光等。

下面以虚光为例介绍创造性滤镜的操作方法。

1）导入素材中的"天坛.jpg"，在"导入"对话框右下角的下拉框中选择"剪裁"，然后在"剪裁图像"对话框中剪裁图像，使"天坛"图片的中心恰好位于图片的中心，如图8-39所示。

2）选中导入的图片，选择"位图"→"创造性"→"虚光"菜单项，弹出图 8-40 所示的"虚光"对话框。

图 8-39　导入图片

图 8-40　"虚光"对话框

3）在"虚光"对话框中设置参数。颜色选择"蓝色"，形状选择"椭圆形"，偏移设置为90，褪色设置为50，单击"确定"按钮，得到虚光效果，如图 8-41 所示。

图 8-41　虚光效果

8.3.8　变形

"变形"选项用来使图像表面变形，这些效果包括龟纹、块状、旋涡和平铺等。

下面以平铺和漩涡为例介绍变形滤镜的操作方法。

1）导入素材中的"花.jpg"，调整位图大小，如图8-42所示。

图8-42 导入图片

2）选中导入的图片，选择"位图"→"变形"→"平铺"菜单项，弹出图8-43所示的"平铺"对话框。

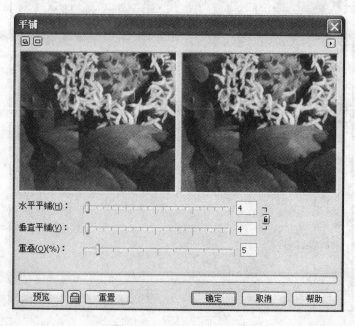

图8-43 "平铺"对话框

3）在"平铺"对话框中设置参数。将水平平铺和垂直平铺都设置为4，重叠设置为5，单击"确定"按钮，得到平铺效果，如图8-44所示。

图 8-44 平铺效果

4）选中上一步得到的平铺效果图片，选择"位图"→"变形"→"漩涡"菜单项，弹出图 8-45 所示的"漩涡"对话框。

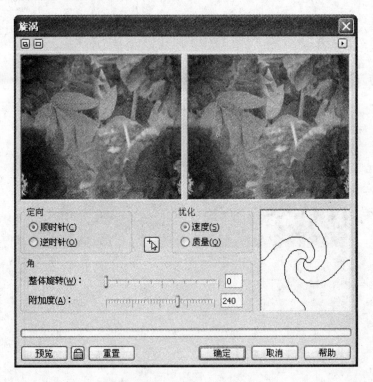

图 8-45 "漩涡"对话框

5）在"漩涡"对话框中，"定向"选择"顺时针"，"整体旋转"设置为 0，附加度设置为 240，单击"确定"按钮，得到漩涡效果，如图 8-46 所示。

图 8-46　漩涡效果

8.3.9　杂点

"杂点"选项用来修改图像的粒度。杂点效果包括增加杂点、应用尘埃与刮痕以及扩散等。

下面以增加杂点为例介绍杂点滤镜的操作方法。

1）导入素材中的"莲花.jpg"，调整位图大小，如图 8-47 所示。

图 8-47　导入图片

2）选中导入的图片，选择"位图"→"杂点"→"添加杂点"菜单项，弹出图 8-48 所示的"添加杂点"对话框。

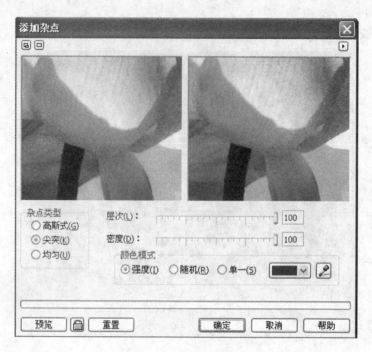

图 8-48　"添加杂点"对话框

3）在"添加杂点"对话框中，"杂点类型"选择"尖突"，"颜色模式"选择"强度"，层次和密度都设置为 100，单击"确定"按钮，得到增加杂点效果，如图 8-49 所示。

图 8-49　添加杂点效果

8.3.10　鲜明化

鲜明化用来创建鲜明化效果，以突出和强化边缘。鲜明化效果包括强化边缘细节和使平滑区域变得鲜明。

下面以非鲜明化遮罩为例介绍鲜明化滤镜的操作方法。

1）导入素材中的"天坛.jpg"，调整位图大小，如图8-50所示。

图8-50　导入图片

2）选中导入的图片，选择"位图"→"鲜明化"→"非鲜明化遮罩"菜单项，弹出图8-51所示的"非鲜明化遮罩"对话框。

图8-51　"非鲜明化遮罩"对话框

3）在"非鲜明化遮罩"对话框中，"百分比"设置为400，"半径"设置为20，阈值设置为4，单击"确定"按钮，得到非鲜明化遮罩效果，如图8-52所示。

图 8-52　非鲜明化遮罩效果

8.4　习题

1．选择题（可以多选）

（1）位图的最小组成单位是_____ 。

  A．10 个像素　　　　　　　　B．二分之一个像素

  C．一个像素　　　　　　　　D．四分之一个像素

（2）对位图进行裁剪，可以使用以下_____工具。

  A．形状　　　　B．刻刀　　　　C．橡皮擦　　　　D．涂抹笔刷

（3）在"滤镜"对话框中，单击左上角的回按钮，其作用是_____ 。

  A．设置滤镜参数　　　　　　B．显示或隐藏对照预览窗口

  C．使图片恢复到原始状态　　D．更换滤镜

（4）虚光效果属于_____滤镜组。

  A．三维效果　　B．模糊　　　　C．创造性　　　　D．扭曲

（5）在"导入"对话框右下角的下拉框中选择_____，可以将位图的一部分导入到 CorelDRAW 中。

  A．全图像　　　　B．裁剪　　　　C．重新取样

2．填空题

（1）在为位图添加"位图颜色遮罩"效果时，将_____设置得越高，所选颜色的范围越广。

（2）要突出位图的边界，应该使用_____滤镜。

（3）要使位图周围扩展出白色边框，应使用"位图"菜单中的_____菜单项。

第9章 辅助工具及页面设置

如果设计的图形非常复杂，可以将组成图形的对象分别放在不同的图层中，进行分类管理。要想精确绘制和对齐对象，可以使用 CorelDRAW X3 提供的各种辅助工具，如标尺、辅助线、网格等。页面设置是指设置页面的大小、方向、排版等。

9.1 图层管理

9.1.1 图层的概念

所有 CorelDRAW X3 绘制的图形都由叠放的对象组成。这些对象的垂直顺序（即迭放顺序）决定了绘图的外观。可以使用被称为图层的不可见平面来组织这些对象。

图层为组织和编辑复杂绘图中的对象提供了方便。可以把一个绘图划分成若干个图层，每个图层分别包含一部分绘图内容。

为了方便管理这些对象，可以使用 CorelDRAW X3 中的"对象管理器"泊坞窗。选择"窗口"→"泊坞窗"→"对象管理器"菜单项或"工具"→"对象管理器"菜单项，打开"对象管理器"泊坞窗，如图 9-1 所示。

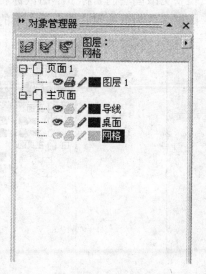

图 9-1 "对象管理器"泊坞窗

每个新建文件都有一个主页面和一个普通页面（当然还可以再添加多个普通页面），主页面用于控制三个默认图层：网格图层、导线图层和桌面图层。

网格图层用来显示或隐藏网格，以及控制网格的属性。显示或隐藏网格也可以通过"视图"→"网格"菜单项来控制。

导线图层用于控制辅助线的显示或隐藏，及其属性设置。显示或隐藏辅助线也可以通过"视图"→"辅助线"菜单项来控制。

桌面图层用于控制绘图窗口中页面之外区域的属性。

主页面上的图层称为主图层，一个主页面可以包含多个主图层，绘制在主图层上的对象，可以显示在每一个页面中。因此，可以使用主图层在每一页上插放页眉、页脚或静态背景等。

9.1.2 图层的新建、删除及更名

1. 新建图层

单击"对象管理器"泊坞窗右上角的"对象管理器选项"按钮 ▸ ，弹出图 9-2 所示的菜单，如果选择"新建图层"菜单项，则在当前选择的页面中增加一个图层，如果选择"新建主图层"菜单项，则在主页面中增加一个图层。

2. 删除图层及更改图层名称

如果要删除某个图层，在该图层的名称上单击鼠标右键，弹出图 9-3 所示的快捷菜单，选择"删除"菜单项即可。

注意： 删除图层会将图层上的对象同时删除。除主页面中的三个默认图层外，可以删除任何未锁定的图层。

如果要更改图层的名称，在要更改图层的名称上单击鼠标右键，在图 9-3 所示的快捷菜单中选择"重命名"菜单项，图层名成为可编辑状态，输入新的图层名，然后按〈Enter〉键完成名字的修改。

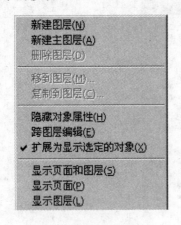

图 9-2　弹出式菜单

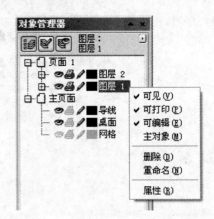

图 9-3　删除图层及更改图层名称

9.1.3 设置图层属性

1. 常用属性

图层的三个常用属性（可见、可打印和可编辑）可以通过图层名称左边的图标 👁🖨✏

更改。当"可见"按钮为灰色 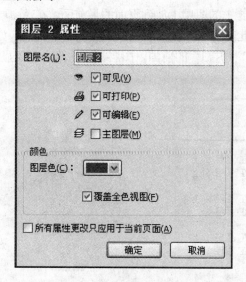时，表示不可见，在按钮上单击一次变成 ，表示可见，再单击一次又变成不可见状态。也可以在图9-3所示的快捷菜单中设置。三个属性的含义如下：

- 显示属性：显示属性控制绘图窗口中图层是否可见。可以选择显示或隐藏图层。
- 打印和导出属性：打印和导出属性控制在打印或导出的绘图中是否显示该图层。
- 编辑属性：可以激活图层并允许编辑所有图层或仅允许编辑活动图层。还可以锁定图层防止对图层上的对象产生意外更改。图层被锁定后，就不能选择或编辑它的对象。

注意： 如果启用了打印和导出属性，隐藏的图层会在最终输出中显示。

激活图层就是将该图层设置为当前活动的图层，用鼠标单击图层的名字即可。一般都是对激活的图层进行编辑，如果要对非激活图层进行修改，可以在图9-2所示的菜单中选择"跨图层编辑"菜单项，使该菜单项前面出现勾号"√"。这样在不激活图层的状态下，就可以编辑图层中的对象。

如果在图9-3所示的快捷菜单中选择"属性"菜单项，弹出图9-4所示的"图层属性"对话框。在该对话框中除了可以设置可见、可打印和可编辑三个属性外，还可更改图层名称、将图层设置为主页面中的主图层等。

图9-4 "图层属性"对话框

2. 改变图层的顺序

（1）图层的叠放顺序

图层的叠放顺序就是图层在页面中排列的前后顺序。

"对象管理器"泊坞窗中图层的排列顺序与图层在页面中的叠放顺序是一致的。在图9-5中，页面1共建立三个图层，在"对象管理器"泊坞窗中，图层3排在最前面，在页面中（该图层中有八边形和七边形两个对象）的叠放顺序也在最前面。图层1在"对象管理器"

泊坞窗中排在最后面，在页面中（该图层中有四边形和三角形两个对象）的叠放顺序也在最后面。

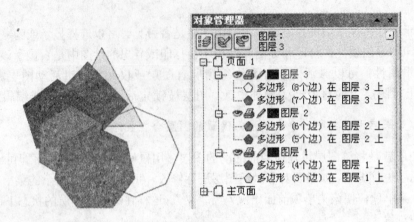

图 9-5　图层的迭放顺序

（2）更改图层及对象的叠放顺序

要更改图层的叠放顺序，只需在"对象管理器"泊坞窗中将图层的名称标记拖放到新的位置上。例如，要将图 9-5 中的图层 1 放到页面的最前面，在"图层 1"上按下鼠标左键，拖动到"图层 3"的前面，此时在鼠标位置出现一条黑色水平直线，如图 9-6 所示，松开鼠标，"图层 1"已经被放置在"图层 3"的前面，图层 1 中的两个对象显示在页面的最前面，如图 9-7 所示。

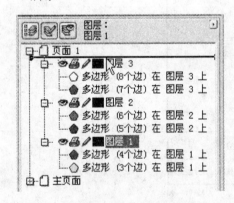

图 9-6　更改图层的叠放顺序

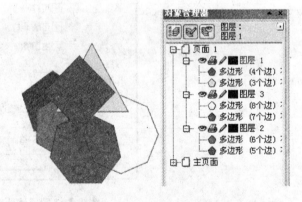

图 9-7　更改图层叠放顺序后的效果

页面中的对象不仅可以在同一个图层内更改排列顺序，还可以将一个图层中的对象移动到另一个图层中。在"对象管理器"泊坞窗中更改对象的排列顺序与更改图层的叠放顺序类似，只需将对象的名称标记拖放到新的位置上。

9.1.4　实例

制作图 9-8 所示的两个页面（页面 1 和页面 2），在页面 1 中画一个矩形和一个五角星，页面 2 中画一个圆形和一个五角星，在主页面中添加页眉（由文本和一条直线组成）。具体信息可参考图 9-8 右侧的"对象管理器"泊坞窗。

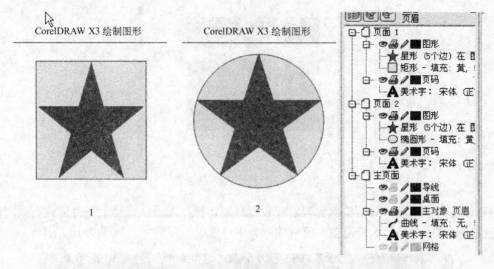

图 9-8　实例效果

主要制作步骤如下：

1）新建一个 CorelDRAW 文件，再添加一个页面，此时有两个页面（页面 1 和页面 2）。

2）新建一个图层，此时共有两个图层，将其名字分别改为"图形"和"页码"。

3）新建一个主图层，将其名字改为"页眉"。

4）使用文本工具在主图层中输入美术字"CorelDRAW X3 绘制图形"，使用任何一个曲线工具（如手绘工具、贝塞尔工具等）绘制一条水平直线。

5）切换到页面 1，在"图形"图层中绘制一个矩形，并填充为黄色，绘制一个五角星，填充为红色。在"页码"图层中输入美术字"1"。

6）切换到页面 2，在"图形"图层中绘制一个圆形，并填充为黄色，绘制一个五角星，填充为红色。在"页码"图层中输入美术字"2"。实例制作完毕，在切换两个页面时，可以看到主图层中设置的页眉在两个页面中都可以显示出来。

9.2　标尺、辅助线与网格

为了精确地绘制页面中的图形对象，CorelDRAW X3 提供了标尺、辅助线与网格等工具。

9.2.1　标尺

默认情况下，标尺位于绘图窗口的左边和上边，可以通过"视图"→"标尺"菜单项显示或隐藏标尺。

如果要精确测量绘制图形对象的尺寸，可以将标尺拖到绘图窗口的任何位置。方法是按住〈Shift〉键，用鼠标拖动标尺到需要的位置松开，如图 9-9 所示。

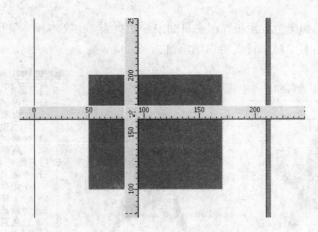

图 9-9　拖动标尺到新的位置

可以使用"选项"对话框对标尺进行设置。双击标尺，或在标尺上单击鼠标右键，在弹出的快捷菜单中选择"标尺设置"菜单项，弹出"选项"对话框，如图 9-10 所示。

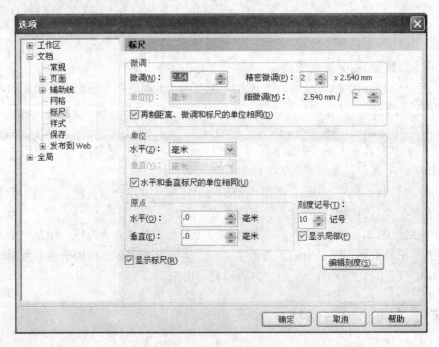

图 9-10　"选项"对话框

在"选项"对话框中可以设置标尺的单位，如果选中"水平和垂直标尺的单位相同"复选框，则只需改变水平标尺单位，垂直标尺单位会自动与水平标尺单位保持相同。默认情况下，页面左下角为标尺的坐标原点（0，0），在"选项"对话框中也可以改变标尺坐标原点。"选项"对话框中的"刻度记号"用于指定每个完整单位标记之间显示多少标记或刻度。

微调是指选中对象后，用键盘上的方向键移动对象。"选项"对话框的微调框中的数值表示按一次方向键，对象移动的距离。"选项"对话框中有三个微调距离，分别是"微调"、"精密微调"和"细微调"。

选中对象，直接按方向键，对象移动的距离由"微调"框中的值决定。选中对象，按住〈Ctrl〉键，再按方向键，对象移动的距离由"细微调"框中的值决定。选中对象，按住〈Shift〉键，再按方向键，对象移动的距离由"精密微调"框中的值决定。

9.2.2 辅助线

辅助线是置于绘图窗口中用于辅助对象放置的水平线、垂直线或斜线。辅助线的主要作用是用于对象的对齐和分布。

1. 添加辅助线

如果要添加水平辅助线，只需在水平标尺上按下鼠标左键拖动到需要的位置松开，即可以在松开的位置添加一条水平辅助线。同样，添加垂直辅助线，是在垂直标尺上按下鼠标左键拖动。

在图 9-11 中，添加了一条水平辅助线和一条垂直辅助线，并使页面中的对象分别与两个辅助线贴齐。

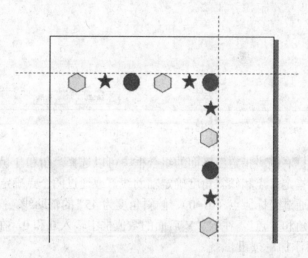

图 9-11　添加辅助线

选择"视图"→"贴齐辅助线"菜单项，使该菜单项前面出现符号"√"，这时拖动对象，将其边界移动到辅助线附近时，在辅助线上出现蓝色的粗线，如图 9-12 所示，松开鼠标，该对象的边界即可与辅助线贴齐。

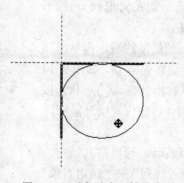

图 9-12　对象贴齐到辅助线

如果要添加倾斜辅助线，需要使用"选项"对话框。选择"视图"→"辅助线设置"菜单项，或在标尺上单击鼠标右键，在弹出的快捷菜单中选择"辅助线设置"菜单项，弹出"选项"对话框，在左侧选中辅助线下面的"导线"，如图9-13所示。

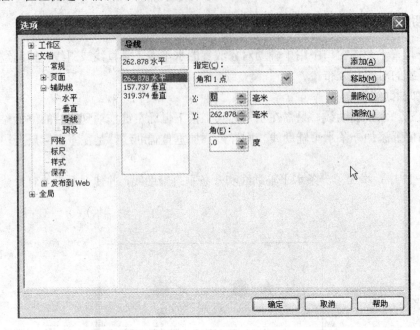

图9-13 "选项"对话框

在"选项"对话框右侧"指定"下面的组合框中可以选择"角和1点"和"2点"两个选项，就是可以通过指定一点和倾斜角度确定辅助线，或通过两个点确定辅助线。

例如，添加一条通过坐标原点（0，0）、倾斜角度为45°的辅助线。操作方法为：在"指定"组合框中选择"角和1点"，在X、Y后面的数值框中输入0和0，在"角"下面的数值框中输入45，单击"添加"按钮。

当然，在图9-13所示的"选项"对话框中也可以添加水平或垂直辅助线（倾斜角度为0°或90°的辅助线）。

2．辅助线的移动和旋转

要移动辅助线，将鼠标移到辅助线上，光标变成↨形状（如果是倾斜辅助线，则光标变成✕形状），按下鼠标左键拖动到合适的位置松开。

要旋转辅助线，选中要旋转的辅助线后，再单击该辅助线一次，辅助线的两端出现旋转手柄↰，如图9-14所示。将鼠标移到辅助线上，鼠标指针变成↻形状，按下鼠标拖动，使辅助线旋转，到合适的位置松开鼠标。

3．辅助线的锁定与删除

如果不希望辅助线被移动或旋转，可以将其锁定，方法是先选中辅助线，然后选择"排列"→"锁定对象"菜单项。锁定后的辅助线既不能改变，也不能删除。

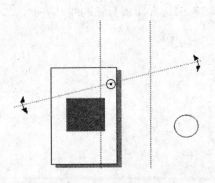

图9-14 旋转辅助线

解除辅助线锁定的方法是：先择辅助线，再选择"排列"→"解除锁定对象"菜单项，或者在锁定的辅助线上单击鼠标右键，在弹出的快捷菜单中选择"解除锁定对象"菜单项。

要删除辅助线，只需先选中要删除的辅助线，然后按〈Delete〉键即可。

4．显示或隐藏辅助线

可以通过"视图"→"辅助线"菜单项控制辅助线的显示或隐藏。当该菜单项前面出现"√"号时显示辅助线，否则不显示辅助线。也可以在上一节所介绍的"对象管理器"泊坞窗中进行辅助线的显示或隐藏设置。

9.2.3　网格

网格就是一系列等距离的水平线和垂直线，用于帮助绘图和排列对象。显示或隐藏网格可以通过"视图"→"网格"菜单项设置，也可以在"对象管理器"泊坞窗中进行设置。

网格线的间距或频率可以在"选项"对话框中设置。选择"视图"→"网格和标尺设置"菜单项，弹出"选项"对话框，如图 9-15 所示。

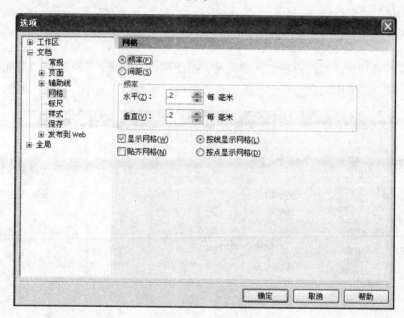

图 9-15　"选项"对话框

选中对话框中的"频率"单选钮，表示根据单位长度包含的行数（或列数）设置每个网格的大小。如果选中对话框中的"间距"单选钮，表示根据行间距（或列间距）设置每个网格的大小。

可以选中"显示网格"复选框显示网格，或不选该复选框而隐藏网格。如果选中"贴齐网格"复选框，则在移动对象时，对象就会自动与最近的网格对齐。贴齐网格也可以通过选择"视图"→"贴齐网格"菜单项设置。

可以选择"按线显示网格"或"按点显示网格"，效果如图 9-16 所示，图中左侧部分为"按线显示网格"，图中右侧部分为"按点显示网格"。

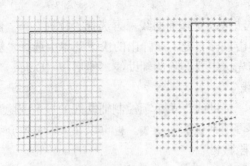

图 9-16　"按线显示网格"与"按点显示网格"

9.3　页面设置

页面设置包括设置页面大小、设置版面、设置标签和设置页面背景等，这些都可以通过"选项"对话框设置。

9.3.1　设置页面大小

页面设置的各种操作都可以在"选项"对话框中进行。选择"版面"→"页面设置"菜单项，弹出"选项"对话框，在对话框左侧选择"页面"下面的"大小"选项，如图 9-17 所示。

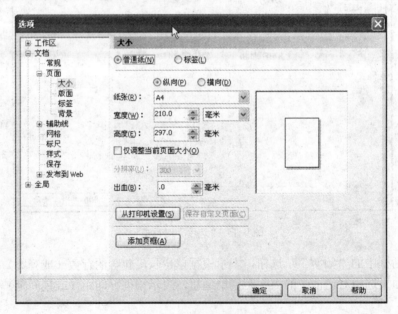

图 9-17　设置页面大小

"选项"对话框上方有两个单选钮："普通纸"和"标签"，选中"普通纸"单选钮，进行一般的页面设置，如果选中"标签"，可以对输出的标签进行设置，有关标签的设置在稍后介绍。

如果页面的高度大于宽度，需选择"纵向"单选钮，否则应选择"横向"单选钮。

在"纸张"下拉列表中，提供了多种不同规格的纸张供选择，如 A3、A4、B4、B5 等。

186

如果设置的纸张恰好与其中的某个相同，可以直接在这个下拉列表中选择，如果所要求的纸张大小不在列表中，可以直接在"宽度"和"高度"后面的数值框中输入纸张宽度和高度。

"出血"后面的数值框用于设置页面的出血值。出血就是将页面边缘的打印图像向外扩展一部分，以保证最终打印出的图像在剪切时不出现白边，一般将"出血"值设置为 3mm 即可。

如果当前页面没有边框，单击"添加页框"按钮，为页面添加边框。这样添加的页面边框其实就是与页面一样大小的矩形。

9.3.2　设置版面

当使用默认版面样式（完整页面）时，文档中每一页都被认为是单页。多页版面样式（书籍、小册子、帐篷卡、侧折卡和上折卡等）将页面大小拆分成两个或多个相等部分，每部分都为单独的页。

在图 9-17 所示的"选项"对话框左侧选择"页面"下面的"版面"选项，右面出现设置版面布局的选项，如图 9-18 所示。

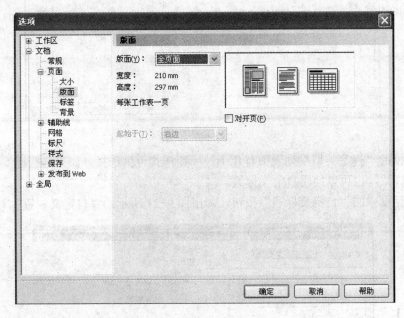

图 9-18　设置版面

在"版面"后面的下拉列表中，选择一个合适的版面布局，包括全页面、活页、屏风卡、帐篷卡、侧折卡、顶折卡等。选择某个版面样式后，可以在右侧的预览窗口查看所选版面的样子。

如果选中"对开"复选框，页面被设置为对开的形式。

在"起始于"后面的下拉列表中有两个选项，"右边"和"左边"。如果选择"右边"，则对开页从右页开始，即奇数页在对开的右边，如图 9-19 左边所示。如果选择"左边"，则对开页从左页开始，即奇数页在对开的左边，如图 9-19 右边所示。

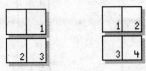

图 9-19　设置对开起始页

9.3.3 设置标签样式

如果要制作信封地址、产品标签等，可以将页面设置为标签。在图9-17所示的"选项"对话框左侧选择"页面"下面的"标签"选项，或单击对话框上边的"标签"单选钮，右面出现设置标签的选项，如图9-20所示。

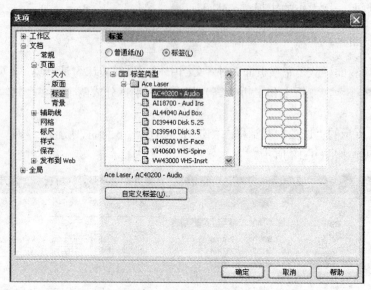

图9-20　设置标签

在对话框的"标签类型"列表中有几十种标签样式可供选择。如果这些标签样式没有我们所需要的样式，也可以使用自定义标签。

单击对话框中的"自定义标签"按钮，弹出图9-21所示的"自定义标签"对话框。

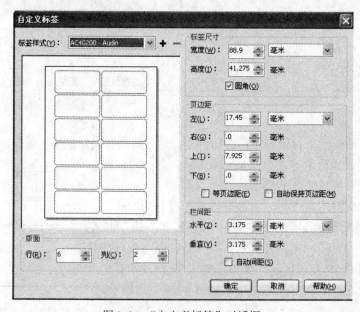

图9-21　"自定义标签"对话框

在"自定义标签"对话框中设置好参数之后,单击"确定"按钮,或单击对话框上边的 ✚
按钮,出现"保存设置"对话框。在"保存设置"对话框中输入标签样式的名称,单击"确
定"按钮,自定义标签样式被保存。在将来设计标签时,就可以在图 9-20 所示的"选项"对
话框中选择上面保存的自定义标签样式。

9.3.4 设置背景

可以为绘图页面选择合适的背景。背景可以使用纯色或位图。

在图 9-17 所示的"选项"对话框左侧选择"页面"下面的"背景"选项,或直接选择"版
面"→"背景"菜单项,出现设置背景选项对话框,如图 9-22 所示。

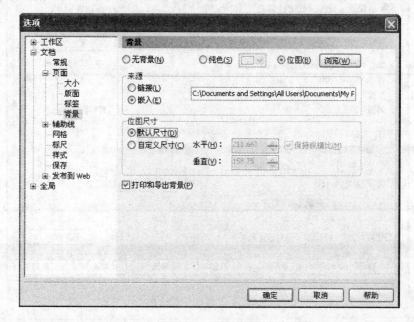

图 9-22 设置背景

通过对话框上方的三个单选钮,可以指定页面为无背景、纯色背景或使用位图作为背景。

如果选择"无背景"单选钮,则不使用背景。

如果选择"纯色"单选钮,可在其后面的下拉框中选择一种颜色作为页面的背景。

如果选择"位图"单选钮,可单击其后面的"浏览"按钮,弹出"导入"对话框,在"导
入"对话框中选择一幅位图,然后单击"导入"按钮,回到"选项"对话框中,在"来源"
下面的文本框中出现选择图片的路径和文件名。

位图作为背景可以选择"链接"或"嵌入"两种方式。默认情况下,位图被嵌入绘图中,
如果选择将位图链接到绘图,这样在以后编辑作为背景的图像时,所作的修改会自动反映在
绘图中。

使用位图作为背景,可以使用位图默认的尺寸,也可通过自定义尺寸,改变背景位图的
大小。

9.4 打印

9.4.1 打印设置

完成图形的绘制后，如果需要打印出来，首先要进行打印设置。选择"文件"→"打印"菜单项，出现图 9-23 所示的"打印"对话框。

图 9-23 "打印"对话框

在"打印"对话框的"常规"选项卡中，可以在"目标"栏的"名称"下拉列表中选择打印机。

在"打印范围"栏中，可以选择的打印范围有以下 5 种：

- 当前文档：打印当前文件的所有页。
- 文档：选择"文档"单选钮后，出现一个文件列表框，该列表框中显示所有打开的文件，可以选择其中的部分文件或全部文件。
- 当前页：只打印当前页。
- 选定内容：只打印选择的区域。
- 页：在其后面的文本框中指定打印范围。

可以在"打印范围"栏最下面的下拉框中选择只打印奇数页、只打印偶数页或打印所有页。

其他一些打印参数可以通过"打印"对话框的其他选项卡设置。

在打印机名称右面有一个"属性"按钮，单击"属性"按钮，弹出"打印属性"对话框，如图 9-24 所示，在该对话框中可以设置打印方向、纸张类型、打印质量、打印颜色等。

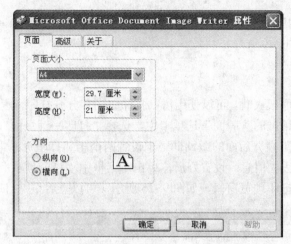

图 9-24 "打印属性"对话框

9.4.2 打印预览

打印设置结束后，在打印之前，可以先进行打印预览，看看打印设置是否合理。

在"打印"对话框中单击"打印预览"按钮，或直接选择"文件"→"打印预览"菜单项，打开"打印预览"窗口，可在打印预览窗口中观察打印效果，如图 9-25 所示。如果不合适，再对打印设置进行修改。

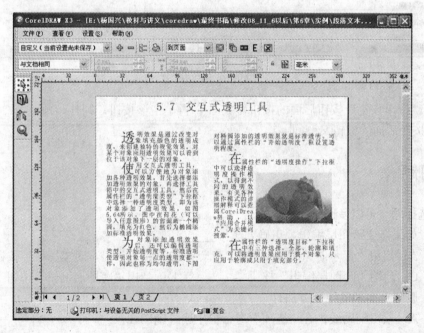

图 9-25 打印预览窗口

在预览窗口左上角的"页面中的图像位置"下拉列表 与文档相同 中，可以选择打印对象在页面中的位置，如页面中心、顶部中心、左上角、右侧中心、左下角等。

在打印预览窗口中，单击工具箱中的"版面布局工具" ，在属性栏中的"当前的版面布局"下拉框 与文档相同（全页面） ∨ 中，可以选择版面样式，如全页面、活页、屏风卡、帐篷卡、侧折卡、顶折卡等。

9.4.3 拼贴打印

当设计的文件页面很大时，可以使用拼贴打印将图片分开打印，然后再将它们拼接起来。方法是在"打印"对话框的"版面"选项卡中，选择"打印平铺页面"复选框。

对话框中"平铺重叠"后面的微调框用于设置两个相邻打印页的重叠区域，目的是为了在打印后粘贴时不会丢失信息。设置好后，单击对话框中"打印预览"按钮后面的按钮 ，在对话框的右侧出现打印预览窗口，如图 9-26 所示，可以查看拼贴打印的分割效果。

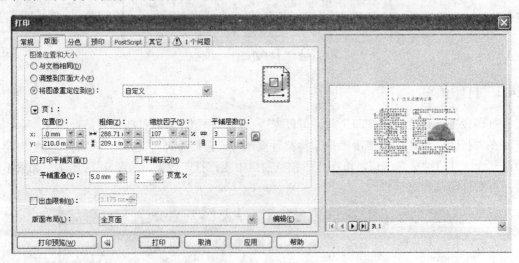

图 9-26 拼贴打印

这时"打印预览"按钮后面的按钮变成 ，再单击该按钮，则打印预览窗口消失，"打印预览"按钮后面的按钮又变回 。

9.5 习题

1. 选择题（可以多选）

（1）如果需要跨图层编辑，正确方法是_____。

    A. 启用"显示对象属性"按钮   B. 禁用"显示对象属性"按钮

    C. 启用"跨图层编辑"按钮   D. 禁用"跨图层编辑"按钮

（2）删除页面辅助线的方法有_____。

    A. 双击辅助线，在"选项"对话框中删除辅助线

    B. 在所要删除的辅助线上单击鼠标右键，在快捷菜单中选择"删除"菜单项

    C. 左键选中所要删除的辅助线并按〈Delete〉键

    D. 用鼠标将辅助线拖动到页面之外

（3）在制作稿件时，常会遇到"出血"线，出血的尺寸一般设置为_____。

    A. 3mm   B. 5mm   C. 1mm   D. 随意

（4）打开对象管理器，建立一个主图层，在主图层上绘制一个正方形，结果是_____。

    A．什么也看不见   B．每个页面都都可以看见该正方形

    C．当前页面多了一正方形对象   D．桌面上多了一正方形对象

（5）关于图层的说法，正确的有_____。

    A．图层位置不可互换

    B．图层上的对象可拖放到主图层上

    C．在不同图层上的对象可在同一群组中，群组后的对象转移到同一个图层

    D．可以同时显示不同图层上的对象

（6）以下关于主图层的说法，正确的是_____。

    A．多页文档只有一个主图层

    B．多页文档中主图层中的对象出现在每一页中

    C．可利用主图层制作页眉页脚

    D．在主图层上绘制图形的方法与普通图层一样

（7）以下关于页面背景说法正确的是_____。

    A．只能是位图   B．只能是纯色

    C．不能被打印   D．可以是纯色或位图

（8）删除图层的正确方法是打开对象管理器泊坞窗，_____。

    A．左键选中图层，按〈Delete〉键

    B．右击图层，在快捷菜单中选择"删除"菜单项

    C．左键选中图层，单击属性栏上的"剪切"按钮

    D．用鼠标将图层名拖动到对象管理器泊坞窗之外

2．填空题

（1）图层在页面中的叠放顺序与_____中图层的排列顺序是一致的。

（2）要显示或隐藏标尺，可以通过_____菜单项操作。

（3）要添加倾斜辅助线，需要使用_____对话框，而添加水平辅助线，还可以在_____上按下鼠标左键拖动到需要放置辅助线的位置松开。

（4）当设计的文件页面很大时，可以使用_____将图片分开打印，然后再将它们拼接起来。

第10章 综合实例

本章介绍台历、荷花、时钟和茶叶包装等实例的制作过程，通过这些实例的练习，进一步熟练掌握 CorelDRAW X3 的各种操作，及各种工具的使用技巧。

10.1 制作台历

10.1.1 实例效果

制作图 10-1 所示的台历，整个图形可以分为背景、装订和日历内容等部分。用到的主要知识有形状的绘制与调整、交互式填充工具的使用、底纹填充、交互式调和工具的使用、图片的导入及大小调整、文本工具的使用、辅助线的使用，对象的对齐与分布等。

图 10-1　台历

10.1.2　制作步骤

1. 制作背景

背景的具体制作步骤如下：

1）绘制一个矩形，使用底纹填充，在"底纹填充"对话框的底纹库下拉表中选择"样本 6"，在底纹列表中选择"月光"，色调选择"靛蓝"，亮度选择 20%黑色，如图 10-2 所示。

194

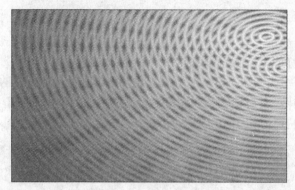

图 10-2　绘制矩形并填充

注意：如果底纹出现错位现象，可以在"底纹填充"对话框中单击"平铺"按钮，将原点的 x 坐标和 y 坐标都设置为 0，即可解决。

2）导入素材中的图片"祥云.cdr"，调整大小，放置在前面绘制的矩形下方，如图 10-3 所示。

图 10-3　导入图片福娃

3）将矩形与祥云图片群组，并将群组后的对象复制 3～4 个，将它们的位置略微移开一些，如图 10-4 所示。

图 10-4　复制背景并适当分布

2．制作装订边

装订边的制作步骤如下：

1）使用椭圆工具绘制椭圆，填充为10%黑色，将轮廓设置为合适的宽度。使用贝塞尔工具绘制一个半椭圆形状，也将轮廓宽度调整为合适的值。将两个对象群组并复制一份，分别放在台历背景上方的两端，如图10-5所示。

图10-5　绘制装订边

2）使用调和工具为两个装订对象添加调和效果，将调和"步长或调和形状之间的偏移量"设置为合适的值，效果如图10-6所示。

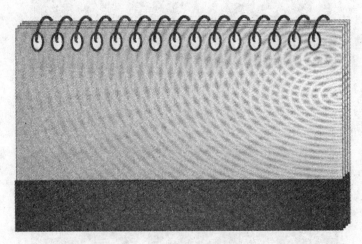

图10-6　添加调和效果

3．添加台历内容

台历内容的添加步骤如下：

1）导入素材中的图片"鸟巢.jpg"，调整大小，放在背景矩形的左侧位置，如图 10-7所示。

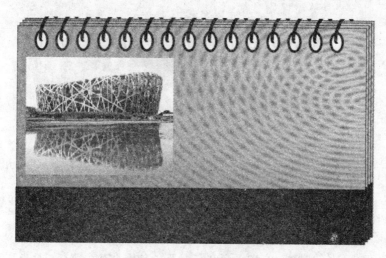

图 10-7　导入鸟巢图片

2）输入日历内容，为了方便输入的文本对齐，可以添加一些辅助线。使用文本工具在日历的第一行输入美术字"August　　2008"（本例中全部使用美术字，下面不再重复说明），将字体设置为"华文行楷"，"August"设置为黑色，"2008"设置为红色。

在日历的第二行输入文本"SUN"、"MON"、"TUE"、"WEN"、"THU"、"FRI"、"SAT"，并将其填充色设置为白色。

在第三行至第七行输入日历的具体内容，将周六和周日的文本设置为红色，其他文本设置为黑色，效果如图 10-8 所示。

注意：可以使用对齐与分布对话框将文本排列整齐。

图 10-8　输入日历内容

4．添加立体效果

立体效果的添加方法如下：

1）倾斜图片。首先隐藏辅助线，再将所有的对象群组，将图形倾斜，如图 10-9 所示。

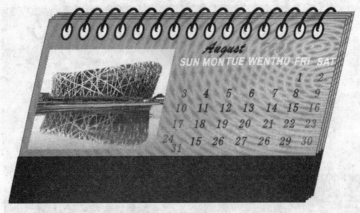

图 10-9　倾斜对象

2）使用贝塞尔工具绘制图 10-10 所示的三角形，使用交互式填充工具为其添加从 80%黑到白色的线性渐变填充。

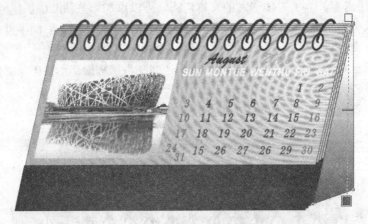

图 10-10　绘制三角形并填充

3）使用贝塞尔工具绘制图 10-11 所示的小三角形，去除轮廓，使用交互式填充工具为其添加从 80%黑色到白色的线性渐变填充。将所有的对象群组，日历制作完毕。

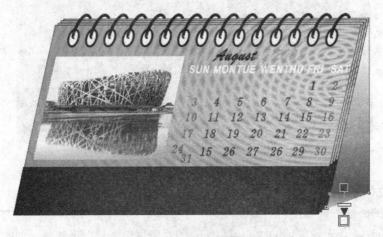

图 10-11　绘制小三角形并填充

10.2 绘制荷花

10.2.1 实例效果

　　绘制图 10-12 所示的荷花图，整个图形可以分为荷花、荷叶、莲蓬、花茎等部分。用到的主要知识有形状的绘制与调整、交互式填充工具的使用、交互式透明工具的使用、对象的相交，及艺术笔工具的使用等。

图 10-12　荷花图

10.2.2 制作步骤

1. 绘制荷花

　　1）绘制花瓣。使用贝塞尔工具及形状工具绘制图 10-13 所示的花瓣形状，然后使用交互式填充工具为其施行射线渐变填充，渐变颜色从洋红色到白色，再去除轮廓，如图 10-14 所示。

　　将花瓣形状原地复制一个，填充为白色，用交互式透明工具为其添加射线透明效果，如图 10-15 所示。然后将两个形状群组，花瓣制作完毕。

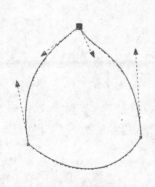
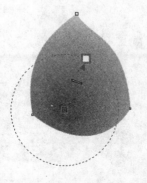
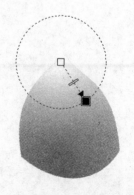

图 10-13　绘制花瓣形状　　　　图 10-14　射线渐变填充　　　　图 10-15　射线透明效果

2）绘制花朵。重复以上步骤，绘制多个形状不同的花瓣，将它们排列在一起，形成荷花的花朵，如图 10-16 所示。

图 10-16　组成荷花花朵

下面为花朵中的部分花瓣制作立体效果。以右边的一个花瓣为例说明制作过程，使用贝塞尔工具制图 10-17 所示的封闭形状。

将上面绘制的形状与花瓣相交，将相交得到的图形填充为洋红色，并将其排列在前面花瓣的后面，删除前面绘制的封闭形状，如图 10-18 所示。

将洋红色图形原地复制一个，并填充为白色，使用交互式透明工具为其添加线性透明效果，如图 10-19 所示。

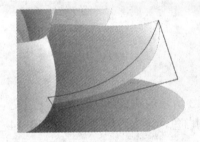　　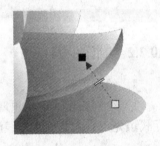

图 10-17　绘制封闭图形　　　　图 10-18　填充为洋红色　　　图 10-19　线性透明效果

同样，为其他需要立体效果的花瓣绘制立体效果，得到最终的花朵效果，如图 10-20 所示。

图 10-20　为花瓣添加立体效果

3）绘制花蕊。绘制图 10-21a 所示的图形，填充为黄色，去除轮廓。将其复制若干个，排列成图 10-21b 所示的形状，将它们群组。

a)　　　　　　　　　　　　　　　b)

图 10-21　绘制花蕊

将群组后的花蕊复制几个，并适当地旋转和镜像，放在花朵的中心附近，注意，调整花蕊与花瓣的相对排列顺序，得到图 10-22 所示的花朵。

图 10-22　加入花蕊的花朵

2．绘制荷叶

1）绘制图 10-23 所示的荷叶形状，再绘制图 10-24 所示荷叶的几个背面部分（图中的黑色部分）。

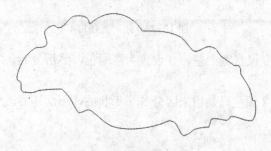

图 10-23　绘制荷叶形状

图 10-24　绘制荷叶的背面

2）将荷叶的正面部分填充为春绿色，并原地复制一份，填充为白色，使用交互式透明工具添加透明效果，使荷叶中间颜色较深，周边颜色较浅。

将荷叶的背面部分填充为草绿色，按上面同样的方法，使荷叶背面上面的颜色较深，下面的颜色较浅，然后去除轮廓，如图10-25所示。

3）绘制叶脉。使用贝塞尔工具绘制叶脉形状的曲线，然后将绘制好的曲线群组（注意要从荷叶中心向荷叶边缘绘制）。选择艺术笔工具，选中刚才群组的叶脉形状，在属性栏中选择"预设"，在"预设笔触"列表中选择一种头粗尾细的笔触，将艺术笔宽度设置为合适的值，正面叶脉填充为薄荷绿色，背面叶脉填充为森林绿色，去除轮廓。

将正面叶脉和背面叶脉分别放在荷叶表层（透明效果层）的后面，如图10-26所示。

图10-25　填充颜色并进行透明处理　　　　　　　　图10-26　绘制荷叶的叶脉

按同样的方法制作几片其他形状的荷叶。

3. 绘制莲蓬

绘制图10-27所示的莲蓬形状，填充为草绿色，去除轮廓。然后绘制图10-28所示的莲蓬口形状，为其添加从深绿色到白色的线性渐变填充。

图10-27　绘制莲蓬形状　　　　　　　　图10-28　绘制莲蓬口形状

画一个椭圆，填充为森林绿色，将轮廓宽度设置宽一些，并设置为草绿色，然后复制，分布在莲蓬口上，如图10-29所示。

绘制图10-30所示的5种不同颜色的形状（颜色只是用来区分5个形状的，下面还要改变它们的填充颜色），并去除轮廓。

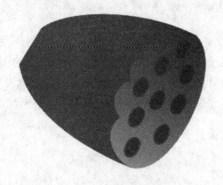

图 10-29 绘制并复制椭圆

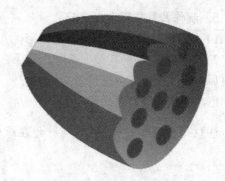

图 10-30 画出 5 个条形

将上面绘制的 5 个条形图填充为黑色，并逐个为它们添加线性透明效果，如图 10-31 所示。

绘制莲蓬的蒂，绘制图 10-32 所示的形状，并进行线性渐变填充，颜色从草绿色到白色。

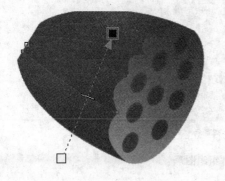

图 10-31 添加线性渐变透明

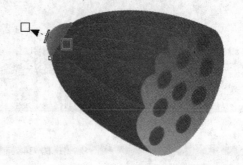

图 10-32 绘制莲蓬的蒂

4. 绘制花茎

1）使用贝塞尔工具绘制图 10-33 左面所示的曲线形状，轮廓设置为 1.4mm，颜色设置为森林绿，复制一个放在右侧，并将轮廓设置为酒绿色。

2）使用交互式调和工具为两个曲线形状添加调和效果，如图 10-33 右面所示。

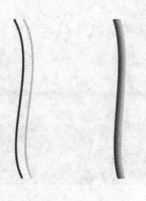

图 10-33 绘制花径

5. 制作背景并组合在一起

1）绘制图 10-34 所示的背景矩形，并去除轮廓，填充为从天蓝色到白色的线性渐变。

2）将前面绘制的花朵、荷叶、莲蓬、花茎等复制和镜像，排列成图 10-34 所示的图案，群组后，将其顺序排列在背景矩形的前面。其中荷叶的茎可以直接绘制曲线，将轮廓设置为深绿色，并使轮廓宽度稍大一些。

注意：要将每一个花朵或荷叶排在对应茎的前面。

图 10-34　制作背景并组织图形

3）再绘制一个与背景矩形同样大小的矩形，去除轮廓，填充为天蓝色，放在所有对象的前面。然后为其添加线性透明效果，使矩形上方透明，下方不透明，如图 10-35 所示。将所有的对象群组，荷花图制作完毕。

图 10-35　绘制矩形并透明处理

10.3 制作时钟

10.3.1 实例效果

绘制图 10-36 所示的时钟，时钟的外围是一个轮胎形状。绘制过程可以分为：制作轮胎形状、制作表盘、制作指针等主要步骤。用到的主要知识有形状的绘制与调整、交互式填充工具的使用、交互式透明工具的使用、对象的结合、对象的旋转复制、文本适合路径，及艺术笔工具的使用等。

图 10-36　时钟

10.3.2 制作步骤

1. 制作轮胎轮廓

1）使用椭圆工具绘制圆形，填充为黑色，去除轮廓。缩小复制一份，并使用线性渐变填充，将圆形的上方略黑一些，下方略白一些，效果如图 10-37 所示。

2）将前面复制的小圆形再略微缩小一点并复制，使用射线渐变填充，使两个圆形的圆周产生一条白边，如图 10-38 所示。

图 10-37　绘制圆形并复制

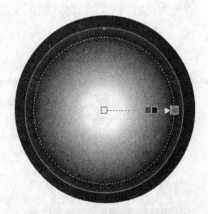

图 10-38　复制并渐变填充

205

3）再将前面复制的小圆形缩小一点复制，使用线性渐变填充，如图 10-39 所示。

4）继续缩小复制前面的小圆形，并使用线性渐变填充，如图 10-40 所示。

图 10-39　复制并线性渐变填充

图 10-40　继续复制并线性渐变填充

5）再缩小复制前面的小圆形，并使用线性渐变填充，如图 10-41 所示。

6）再缩小复制前面的小圆形，并填充为 90％黑色，如图 10-42 所示。

图 10-41　复制并线性渐变填充

图 10-42　再复制并填充为 90％黑色

7）将前面最小的圆形原地复制一个，并填充为白色，使用交互式透明工具为其添加射线透明效果，如图 10-43 所示。

8）为轮胎添加防滑纹。在轮胎的正下方绘制图 10-44 所示的形状（为方便观察，将局部放大），填充为白色，去除轮廓，使用交互式透明工具为其添加线性透明效果。

图 10-43　复制并添加透明效果

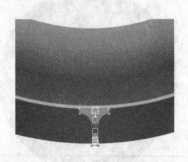

图 10-44　绘制防滑纹并添加透明效果

9）复制步骤 8）制作的防滑纹，使其分布在圆的周围。以圆心为旋转中心，旋转角度可以设置为 6°，如图 10-45 所示。注意：为了取得较好的效果，要仔细调整防滑纹的大小和形状。

10）使用文本工具输入美术文本"ELEGANCE"，填充为黑色，轮廓设置为白色，设置合适的字号。使用"文本适合路径"功能将其放在图 10-46 所示的位置。

图 10-45 复制防滑纹

图 10-46 输入文本并放在合适的位置

2. 制作表盘

1）输入文本"EXQUISITE"，填充为白色，去除轮廓。设置合适的字号，放在图 10-47 所示的位置。导入素材中的"轿车.CDR"，调整大小并放在图 10-47 所示的位置。

2）绘制刻度。首先绘制最小的刻度，在表盘的最上面绘制一条垂直线段，设置轮廓宽度为较小的值，轮廓颜色为白色。然后使用旋转变换泊坞窗以圆心为旋转中心进行旋转复制，由于小刻度共有 300 个，因此，旋转角度设置为 1.2°，复制 299 次，得到如图 10-48 所示的结果。

以同样的方法绘制中刻度和大刻度，最终效果如图 10-49 所示。代表中刻度的线段比前面小刻度线段要大一些，中刻度一共有 60 个，因此，旋转角度应设置为 6°。代表大刻度的线段更大一些，大刻度一共有 12 个，因此，旋转角度应设置为 30°。

图 10-47 输入文本并导入轿车图片

图 10-48 绘制表盘小刻度

3）添加表示时间的数字。为了使表示时间的数字分布较为规则，仍使用旋转复制的方法。首先在 12 点的位置输入美术字"12"，设置合适的字号，将填充色和轮廓色都设置为白色。以圆心为旋转中心进行旋转复制，旋转角度设置为30°，复制11次。由于复制后每个数字文本的上方都对着圆周排列，还要将每个数字文本围绕自己的中心旋转一定的角度。然后逐一修改数字，并设置合适的字号，最终效果如图 10-50 所示。

图 10-49　绘制表盘中刻度和大刻度

图 10-50　添加表示时间的数字

3．制作时针、分针和秒针

1）制作时针。使用贝塞尔工具绘制图 10-51 左侧所示的两个形状，然后将两个形状结合，为结合后的对象添加线性渐变填充，得到图 10-51 右侧所示的时针。

2）制作分针。使用贝塞尔工具绘制图 10-52 左侧所示的三个形状，然后将前两个形状结合，为结合后的对象添加线性渐变填充，将第三个形状填充为红色，去除轮廓，放在结合对象的上面，群组，得到图 10-52 右侧所示的分针。

3）制作秒针。使用矩形工具、椭圆工具、贝塞尔工具绘制图 10-53 所示的正方形、三个圆形和一条直线。使用艺术笔工具，为直线添加预设笔触艺术笔效果，在预设笔触列表中选择一种头粗尾细的笔触。最后将它们按图 10-53 所示的样子排列，群组后得到秒针。

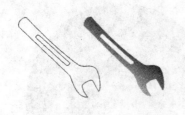
图 10-51　绘制时针

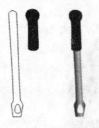
图 10-52　绘制分针

图 10-53　绘制秒针

4．将指针放在表盘中

1）将制作的指针放在表盘的合适位置，并在三个指针交叉处（即是圆的圆心）绘制一个圆形，使用渐变填充，如图 10-54 所示。

2）添加时钟的序号。绘制图 10-55 下方所示的白色形状，填充 20%黑色。使用文本工具输入美术文本"A01/F64/018"，设置合适的字号，使用文本适合路径功能将其排在图 10-55所示的位置，将填充色和轮廓色都设置为白色。将所有的对象群组，时钟制作完毕。

图 10-54　将指针放在表盘上

图 10-55　添加时钟序号

10.4　制作茶叶包装

10.4.1　实例效果

绘制图 10-56 所示的茶叶包装盒与手提袋。绘制过程可以分为制作包装盒和制作手提袋两个主要步骤。用到的主要知识有形状的绘制与调整、交互式填充工具的使用、交互式封套工具的使用、交互式轮廓工具的使用、交互式阴影工具的使用、对象的相交、对象的旋转复制、对象的倾斜等。

图 10-56　茶叶包装

10.4.2 制作步骤

1. 制作手提袋

1）使用矩形工具绘制较大的矩形，填充为森林绿，然后在该矩形上绘制较小的矩形，填充为浅绿色。如图 10-57 所示。

2）导入素材中的"茶叶.bmp"，并使用图框精确剪裁将茶叶图片放在较小的矩形中，然后将所有的对象群组，去除轮廓，如图 10-58 所示。将图形复制一份留作后面使用。

图 10-57　绘制两个矩形

图 10-58　图片精确剪裁到矩形中

3）绘制图 10-59 所示的两个矩形。然后分别使用两个矩形与后面的图片进行相交操作，删除刚才绘制的两个矩形和上一步得到的图形，将较窄图片的背景改为草绿色（按下〈Ctrl〉键，可以选择群组中的某个对象，然后可对其进行单独的编辑），如图 10-60 所示。

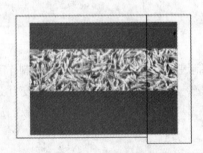

图 10-59　再绘制两个矩形

图 10-60　将图片分割成两部分

4）对前面得到的较大矩形执行倾斜操作，然后将较小的矩形对齐到大矩形的右侧，再对较小矩形施行倾斜操作，得到图 10-61 所示的效果。

5）绘制图 10-62 所示的平行四边形，并填充为草绿色。

图 10-61　将矩形倾斜

图 10-62　绘制平行四边形并填充为草绿色

6）将绘制的平行四边形去除轮廓。然后绘制图 10-63 所示的三角形，并填充为森林绿。

7）将绘制的三角形去除轮廓。然后绘制图 10-64 所示的形状，并填充为白色，去除轮廓。

图 10-63　绘制三角形

图 10-64　绘制白色形状

8）使用椭圆工具绘制圆形，填充为 20％黑色，将轮廓宽度设置为 1mm，轮廓颜色设置为白色，并复制一个放在图 10-65 所示的位置。

9）使用贝塞尔工具绘制手提袋的带子，使带子的两端分别位于两个圆形的圆心，将宽度设置为 1mm。将带子复制一份，放在手提袋的另一侧，并将其排列顺序置于图层的后面。

10）导入素材中的"茶字体失量图.cdr"，选择一个"茶"字，放在手提袋的上面，如图 10-66 所示，手提袋制作完毕。

图 10-65　绘制圆形

图 10-66　绘制带子并添加茶字

2. 制作茶叶盒

1）使用前面备份的矩形，调整长宽比例，如图 10-67 所示。

2）绘制五角星，并排列在图 10-68 所示的位置。绘制最上面一个五角星，填充为红色，去除轮廓。使用旋转复制的方法制作其他五角星，将旋转中心调整到图 10-68 所示的位置，将旋转角度设置为 15°，复制 6 次。然后再选择最上面的五角星，将旋转角度设置为-15°，复制 6 次，得到图 10-68 所示的效果。

3）绘制图标。使用贝塞尔工具和形状工具绘制图 10-69 所示的图标，填充为"幼蓝"色，去除轮廓。使用文本工具输入美术文本"北京名牌产品"，设置合适的字号，颜色设置为白色，放在图 10-69 所示的位置。

图 10-67　调整矩形比例　　　图 10-68　绘制五角星　　　图 10-69　绘制图标

4）导入素材中的"茶字体失量图.cdr"，选择图 10-70 右上角所示的字，放在该处。输入美术文本"玲珑茶者，其形也奇，其色也秀，其香也馥，其味也醇，东比龙井，北齐君山。高山流水，有识茶者，曰：神品也！"，设置合适的字号，将颜色设置为白色，放在图 10-70 所示的位置。

5）将刚才输入的美术文本转化为曲线，将所有的对象群组。使用交互式封套工具改变图形的形状，如图 10-71 所示。

图 10-70　添加文字　　　　　　　图 10-71　改变形状

6）绘制椭圆，使用射线渐变填充，先将中心和圆周上的颜色都设置为森林绿，再选择中心色块，按下〈Ctrl〉键，单击调色板中的白色块几次，为其添加白色成分。然后使用交互式轮廓工具为其添加轮廓效果，将"轮廓图偏移"设置为 0.05mm，将"轮廓图步长"设置为 40 左右，"轮廓色"设置为黑色，如图 10-72 所示。

7）将绘制的椭圆复制一份，放在茶叶盒的下方，将其均匀填充为森林绿，置于图层后面，将所有的对象群组，如图 10-73 所示。

图 10-72　绘制茶叶盒顶部

图 10-73　绘制茶叶盒底部

8）将图 10-73 所示的茶叶盒复制一份，将茶叶盒侧面的森林绿改成蓝色，同时将茶叶盒顶部和底部的椭圆的填充色也由森林绿改为天蓝色，如图 10-74 所示。

图 10-74　改变茶叶盒的颜色

3．将手提袋与茶叶盒组合在一起

将前面绘制的手提袋与茶叶盒排列在一起并群组。画一个矩形，填充为浅紫色，作为茶叶盒与手提袋的背景，最后使用交互式阴影工具为茶叶盒与手提袋添加阴影效果，得到图 10-56 所示的最终效果。

附录 习题参考答案

第1章

1. 选择题（可以多选）
（1）B　　　　（2）B　　　　（3）A　　　　（4）AB　　　　（5）A

2. 填空题
（1）位图，矢量图，矢量图

（2）.cdr

（3）新建空白文件，从模板新建文件

（4）左键，右键

第2章

1. 选择题（可以多选）
（1）A　　　　（2）A　　　　（3）C　　　　（4）C　　　　（5）A

（6）C　　　　（7）D　　　　（8）D　　　　（9）D　　　　（10）ABCD

（11）A　　　　（12）A　　　　（13）B　　　　（14）D

2. 填空题
（1）扇形，弧形

（2）〈Shift〉

（3）〈Ctrl〉

（4）〈Ctrl〉

（5）将该节点删除

（6）裁剪，刻刀

（7）一个圆形或方形，两点所确定的线段

（8）中心，某一边的中点

第3章

1. 选择题（可以多选）
（1）B　　　　（2）BC　　　　（3）A　　　　（4）C　　　　（5）A

（6）D　　　　（7）B　　　　（8）C　　　　（9）A　　　　（10）A

（11）B　　　　（12）C　　　　（13）ABC　　　　（14）D　　　　（15）AB

（16）D　　　　（17）C　　　　（18）B　　　　（19）C　　　　（20）AB

（21）AB　　　　（22）C

2. 填空题
（1）Alt

（2）倾斜

（3）选项

（4）边界，中心

（5）目标对象，来源对象，目标对象，目标对象

（6）造形泊坞窗

（7）各自原来的

（8）后选中的

（9）锁定

第4章

1．选择题（可以多选）

（1）AD （2）A （3）A,B （4）ABCD （5）B （6）D

（7）AD （8）BC （9）BCD （10）ABCD （11）AB

2．填空题

（1）"选项"

（2）〈Ctrl〉

（3）双色，自定义

（4）双色图样填充，全色图样填充，位图图样填充

（5）其他属性

第5章

1．选择题（可以多选）

（1）B （2）A （3）D （4）CDEF （5）A

（6）A （7）A （8）A （9）AB （10）ABD

2．填空题

（1）后面，前面

（2）沿全路径调和

（3）〈Ctrl〉

（4）轮廓色或填充色

（5）推拉变形，拉链变形，扭曲变形

（6）填充颜色

（7）越大，越小

（8）直线，单弧，双弧，非强制

（9）三

（10）线性渐变透明、射线渐变透明、圆锥渐变透明、方角渐变透明

第6章

1．选择题（可以多选）

（1）A （2）C （3）AB （4）AC （5）ABC

（6）A　　　　（7）ABCD

2．填空题

（1）美术字，段落文本

（2）段落格式化

（3）保持当前图文框宽度

（4）段落文本换行

（5）文本链接

（6）插入字符

第7章

1．选择题（可以多选）

（1）A　　（2）ABC　　（3）B　　（4）A　　（5）B

（6）C　　（7）ACD　　（8）C

2．填空题

（1）显示方式，实际属性

（2）中心

（3）移除表面

（4）单点，对称单点

第8章

1．选择题（可以多选）

（1）C　　（2）A　　（3）B　　（4）C　　（5）B

2．填空题

（1）容限

（2）轮廓图

（3）"扩充位图边框"→"手动扩充位图边框"

第9章

1．选择题（可以多选）

（1）C　　（2）ABC　　（3）A　　（4）B　　（5）BCD

（6）BCD　　（7）D　　（8）AB

2．填空题

（1）对象管理器泊坞窗

（2）"视图"→"标尺"

（3）"选项"，标尺

（4）拼贴打印

参 考 文 献

[1] 卓越科技. CorelDRAW 12 平面设计培训教程[M]. 北京：电子工业出版社，2007.

[2] 粟青生，等. CorelDRAW 基础教程[M]. 北京：中国水利水电出版社，2007.

[3] 曹培强，等. CorelDRAW 12 平面视觉特效设计精粹[M]. 北京：兵器工业出版社，2006.

[4] 锦宏科技. CorelDRAW X3 图形绘制与平面设计实例精讲[M]. 北京：人民邮电出版社，2007.

[5] 张艳钗，等. CorelDRAW X3 中文版入门与提高[M]. 北京：清华大学出版社，2007.

[6] 王彬华，等. 100 例完全精通 CorelDRAW[M]. 上海：上海科学普及出版社，2006.